深圳市南山区残疾人联合会重点培育项目
本书系 2018 年广东省图书馆科研课题“人力资源视角下的公共图书馆志愿者服务研究”（项目编号：GDTK1835）研究成果之一

视力障碍人士使用电脑和手机从入门到精通

王凯丽◎主编

电子版有声服务　快来扫一扫

人民日报出版社

图书在版编目（CIP）数据

视力障碍人士使用电脑和手机从入门到精通 / 王凯丽主编．—北京：人民日报出版社，2020.9

ISBN 978-7-5115-6338-5

Ⅰ.①视… Ⅱ.①王… Ⅲ.①视觉障碍—残疾人—电子计算机—操作—教材②视觉障碍—残疾人—移动电话机—操作—教材 Ⅳ.①TP3②TN929.53

中国版本图书馆CIP数据核字（2020）第021725号

书　　名：视力障碍人士使用电脑和手机从入门到精通
SHILI ZHANGAI RENSHI SHIYONG DIANNAO HE SHOUJI CONG RUMEN DAO JINGTONG
编　　著：王凯丽

出 版 人：刘华新
责任编辑：刘天一
封面设计：中尚图

出版发行：人民日报出版社
社　　址：北京金台西路2号
邮政编码：100733
发行热线：（010）65363528　65369512　65369509　65363531
邮购热线：（010）65369530　65363527
编辑热线：（010）65369844
网　　址：www.peopledailypress.com
经　　销：新华书店
印　　刷：北京盛通印刷股份有限公司

开　　本：787mm × 1092mm　1/16
字　　数：134千字
印　　张：13
版次印次：2020年11月第1版　2020年11月第1次印刷

书　　号：ISBN 978-7-5115-6338-5
定　　价：58.00元

本书编委

策　划：林大平

顾　问：谌　缨　杨　熔

主　编：王凯丽

编　委：刘海伟　于海洋　揭华妹　杨　琼
周　京　许　鲁　郑　锐　周荣红
罗彩云　罗晓羽　王文坚　王忠维

与光明同行

程亚男（资深图书馆专家、深圳南山图书馆首任馆长）

“虽然我的眼前是一片黑暗，但老师带给我的爱心与希望，使我踏入了思想的光明世界。我的四周也许是一堵堵厚厚的墙，隔绝了我与外界沟通的道路，但在围墙内的世界却种满了美丽的花草树木，我仍然能够欣赏到大自然的神妙。我的住屋虽小，也没有窗户，但同样可以在夜晚欣赏满天闪烁的繁星。”（海伦·凯勒）

美国作家海伦·凯勒小时候既聋又哑还盲，但这个残疾的女孩子竟创造了许多不可思议的奇迹，不仅学会了多种语言，还考进了哈佛大学。成功的同时，她是那样羡慕那些有一双明亮眼睛的朋友，那样渴望自己也能看见这个多姿多彩的世界，《假如给我三天光明》一文，深情地表达了一个失明者对光明的无限渴望。

“光明”，一个多么令人神往的词语。

如果说，过去的视障人士更多的是希望通过身体的康复来解决“看见”的问题，那么今天，随着信息技术的高速发展，在康复治疗的同时，我们可以从更多的方面给视障人士以帮助与关爱。

这本《视力障碍人士使用电脑和手机从入门到精通》，就是一本给盲人带来“光明”的书。该书以朴实的语言，详细介绍了盲人如何从零起步，认识电脑和使用电脑；如何通过“读屏软件”“看”书学习，认识世界；如何足不出户，神游网络世界，知晓天下大事，广交天下朋友；如何利用信息技术，解决衣食住行等种种难题。让视障人士能运用最先进的技术、在最短的时间内打开知识宝库，发现世界、发现美好。

该书是一群爱心志愿者在图书馆帮助视障读者学习电脑和手机实践经验的结晶，他们有感于视障读者对移动互联网的热情，以及移动互联网带给视障读者的方便、快乐与自信，本着“送人玫瑰，手留余香”精神，将平日工作实践和经验结集成书。该书编写工作由图书馆工作人员、腾讯志愿者、信息无障碍研究会的工作人员共同完成，并由盲校专业的计算机老师和视障工程师为教材内容进行测试与检验，该书既是一本视障读者学习电脑和智能手机的指导手册，也可作为残联、图书馆、社区等单位开展视障读者电脑和智能手机培训的教学用书。

残健互助，残健相融。图书馆人从服务普通读者到服务特殊读者，从技术培训到编写教材，既是一次爱心的播撒，也是图书馆职业精神的传扬。有助于推动形成更加浓厚、自觉的扶残助残的社会氛围。

视障读者通过学习，熟练掌握使用电脑和智能手机的技术与技巧，有助于他们自身康复和融入社会。不少视障读者通过学习取得了不凡的成绩，用刻苦的精神生动地诠释了“自尊、自信、自强、自立”的人生内涵。

奇迹在这里发生，爱心在这里传递。

每个人都拥有一个梦想，实现它需要所有人的力量。愿有更多的人参加到助残的活动中来，愿更多的视障人士在阅读中获取光明！

程亚男

2018 年 5 月于深圳

内容简介

● **本书特色** 本书是专门针对视障读者特点而制定的，全程采用键盘操作方式教学，书中没有生涩难懂的理论，处处追求简单实用。本书内容上不求面面俱到，但求实用、易用，力求让视障读者达到“一学就懂、一学即会”的学习效果，消除视障读者对学习电脑的畏惧感和陌生感。

● **主要内容** 本书共13章，分为两部分：第一部分为电脑入门课程，第二部分为手机应用课程。电脑入门课程主要内容包括：学习电脑的重要意义、从零起步认识电脑、电脑打字与输入、读屏软件应用、Windows操作系统、电脑文件管理、上网冲浪、QQ聊天、电子邮件等；手机应用课程主要内容包括：智能手机读屏应用、手机微信、网上购物、网上出行、影音娱乐等手机常用的App应用。每一章的“教学目标“和“课后作业”，有助于学员进行课前预习和课后复习。

● **读者对象** 本书适合视障人士在有声图书的配合下进行自学，是视障人士学习电脑和手机的指导用书，也适合残联、图书馆、社区等单位作为视障人士开展电脑和手机培训的教学用书。中国目前有1700多万视障人士，本书最广大的读者对象应该是视障人士的家属、朋友和广大的明眼人读者，只有我们学会了盲用电脑和手机操作的方法与技能，才能更好地帮助和指导视障朋友。请您传递我们的爱心，给视障人士多一份关注和帮助，与他们一起携手走进信息时代。

● **特别感谢** 参与本书编写工作的有图书馆工作人员、腾讯志愿者、信息无障碍研究会工作人员，我们还邀请了盲校专业的计算机老师和视障工程师为教材内容进行测试与检验，在此特别要感谢深圳元平特殊教育学校的王文坚老师，广州启明学校的何东星老师、深圳信息无障碍研究会的视障工程师王孟琦、原烨豪、李鸿利、沈广荣、吴益明等人；感谢深圳市南山区残疾人联合会对视障 IT 技术培训项目的高度重视和大力支持，感谢人民日报出版社的刘天一女士对图书出版付出的努力和辛劳，感谢深圳市鸿宝电建设集团有限公司、东莞市夏阳精密钨钢有限公司、深圳英大证券志愿者协会对视障 IT 技术培训活动的赞助和支持。希望本书能对广大视障朋友有所帮助，由于时间仓促和水平所限，书中难免存在疏漏和不足之处，欢迎读者朋友批评指正。最后，祝愿所有关心和支持本书出版的朋友身体健康、幸福快乐！

*特别说明：编者在本书中所列举的网站、软件、手机 App 等，均是综合比较后选取目前比较常见的，并无商业目的。类似的网站和软件较多，用法类似，本书中不便一一列举，视障朋友可在使用中从本书列举的网站和软件的基础上举一反三，触类旁通。

目　录

第一部分　电脑入门课程

第 1 章　从零起步：认识电脑

教学目标

◆ 学电脑的意义：电脑给我们的生活和工作带来便利，让生活丰富多彩。

◆ 从零开始认识电脑：从硬件和软件两方面认识电脑，触摸电脑，学会开机。

1.1　为什么要学习电脑

21 世纪计算机和互联网彻底改变了我们以往的生活和生产方式，给我们的工作和生活带来了极大的便利，足不出户，你就可以了解世界各地的信息，网购和网聊更是成为一种时尚的生活方式。电脑和网络已经成为当代人生活中密不可分的一部分，那么电脑到底能做些什么呢？

☞ 生活：将电脑连接到互联网（Internet），就可以在网上看新闻、了解天气预报、购物、出行、理财等，做到足不出户便知天下事。

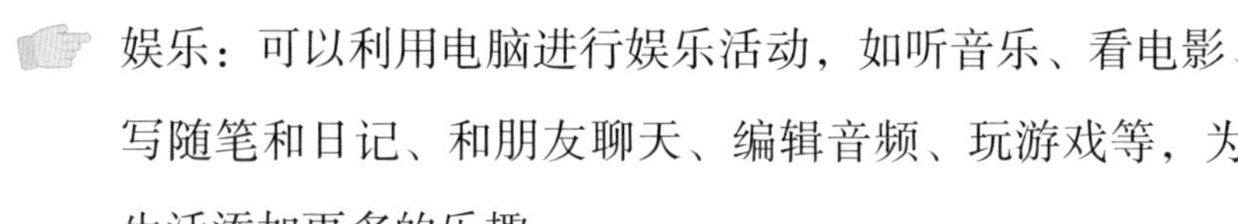

- 娱乐：可以利用电脑进行娱乐活动，如听音乐、看电影、写随笔和日记、和朋友聊天、编辑音频、玩游戏等，为生活添加更多的乐趣。
- 学习：将电脑作为一种学习工具，互联网的知识是海量的，你可以通过电脑搜索你需要的信息和知识，可在线阅读、参与在线的教育和培训等。
- 工作：电脑是工作中常用的一种工具，可利用电脑编辑文档、收发邮件、在线与客户交流等。

在信息技术飞速发展、资讯实时传达的今天，电脑已经完全融入我们生活、学习和工作的方方面面。互联网是人们获取信息的主要来源，电脑和网络早已经成为人们生活中密不可分的一部分，但视障者由于视力障碍仍然徘徊于网络信息的门外束手无策；视障者对互联网信息的渴望不亚于明眼人，甚至更为迫切，没有网络的世界，视障者能获取的信息匮乏、交际圈子小，生活枯燥无味；使用互联网是视障者丰富生活、融入社会的重要渠道，既是生存问题又是发展问题。

电脑可以帮助视障朋友开阔视野、丰富阅历、愉悦身心、促进人际交流、提高生活质量。视障朋友可通过电脑参与在线的教育、培训、购物、娱乐和交往等活动，得到更多有利于自身发展和健康的信息资源，实现信息鸿沟的跨越。视障朋友应当抓住学习机会，积极学习电脑，打破以往封闭、孤立、无助的局面，充分参与社会生活、共享人类文明发展的成果，与世界融为一体，开启精彩的生活新篇章。

1.2　从零开始认识电脑

计算机（computer），俗称电脑，是现代一种用于高速计算的电子计算机器，既可以进行数值计算，又可以进行逻辑计算，还具有存储记忆功能，是能够按照程序运行，自动、高速处理海量数据的现代化智能电子设备。

计算机有诸多分类，可分为超级计算机、工业控制计算机、网络计算机、个人计算机等，较先进的计算机还有生物计算机、光子计算机、量子计算机等。我们在家里，以及在网吧里常用的计算机称为 PC 机（personal computer），即个人计算机，也叫个人电脑。顾名思义，个人计算机就是供个人使用的计算机，本教程所提到的计算机或电脑，专指 PC 机。

PC 电脑由硬件和软件组成，硬件和软件是相辅相成的，硬件是实实在在的物体，犹如躯体；软件是程序，犹如灵魂。我们经常接触到的硬件包括：主机箱、显示器、键盘、鼠标、外接设备等（如图 1.1）。常用的软件包括：操作系统软件和应用软件。

图 1.1

（1）硬件

- 主机箱：电脑最主要的组成部分，主板、CPU（中央处理器）和硬盘等主要部件均在主机箱内。
- 键盘和鼠标：电脑的输入设备，用户通过它们向电脑输入指令和信息，控制电脑。
- 显示器：电脑的输出设备，用户可以通过它来读取信息、浏览网页、观看视频等。
- 其他外接设备：有打印机、U 盘、移动硬盘、音箱和耳机、点显器等。

（2）软件

- 操作系统：管理和控制计算机硬件与软件资源的计算机程序，是直接运行在“裸机”上的最基本的系统软件，任何其他软件都必须在操作系统的支持下才能运行。目前，PC 电脑最常用的操作系统是微软公司开发的 Windows 操作系统和苹果公司开发的 macOS 操作系统。智能手机最常用的操作系统有苹果公司的苹果（iOS）操作系统和谷歌的安卓（Android）操作系统。
- 应用软件：为满足用户不同领域、不同问题的应用需求而提供的软件。它可以拓宽计算机系统的应用领域，放大硬件的功能。常见的应用软件有：聊天软件（QQ 和微信）、办公软件（Office），互联网软件（浏览器、下载工具），音视频播放器（QQ 影音、暴风影音），等等。

（3）读屏软件

读屏软件是专为视障用户设计的屏幕朗读软件，也属于应用软件，读屏软件将电脑显示屏上的信息转换成语音信息，视障用户就可以通过语音来获取电脑显示屏上的信息。常用的读屏软件有阳光读屏、永德读屏、争渡读屏、布莱叶读屏等，本教程采用争渡读屏软件公益版。

温馨小知识：世界上第一台通用计算机于 1946 年在美国宾夕法尼亚大学诞生，发明人是美国人莫克利和艾克特。美国国防部用它来进行弹道计算，它是一个庞然大物，用了 18000 个电子管，占地 170 平方米，重达 30 吨。

课后作业

1. 请你伸出手，触摸一下电脑，感受一下电脑硬件的形状。然后，找到开机的按钮，将电脑打开。

2. 请畅想一下：当学会电脑操作后，可以通过网络获得海量的知识和资讯，可以在网上交朋友、买东西，生活将会更加便捷和有趣。是不是很期待互联网生活呀！

第 2 章　人机对话：认识键盘与输入法

教学目标

- 键盘输入是学习电脑的基础，本章是重点课程。
- 学习键盘分区、键位布局和正确的击键方法。
- 了解常用的输入法，学会拼音输入法。

2.1　认识键盘

键盘是最常用也是最主要的输入设备，通过键盘可以将文字、数字、标点符号等输入计算机中，从而向计算机发出命令、输入数据等。键盘的外形长约 50 厘米，宽约 18 厘米。键盘有固定的按键布局，常用的键盘有 104 个按键，键盘可以分为四个区域：主键盘区、功能键区、编辑键区、小键盘区（如图 2.1）。

图 2.1

（1）主键盘区

键盘的主体部分，共 61 个键位，分布 26 个字母、10 个数字、32 个标点符号、13 个基本功能控制键和 1 个空格键，主要用于对电脑输入文字、数字、符号等信息。

（2）功能键区

位于键盘最上面一行，共 16 个键位，用于执行特定任务。靠最左边单独的一个键是 Esc（退出键），按此键可用于结束当前操作，返回到上一层。往右分别是 F1 键到 F12 键，共 12 个键位，各个键在不同的程序作用也各不相同。最右边的一组：Print Screen Sysrq 键是打印屏幕键、Scroll Lock 键是滚动锁定键、Pause Break 键是暂停键。

（3）编辑键区

共 10 个键位，这些键用于在文档或网页中移动光标以及编辑文本。

- 上面的一组：Insert 键是插入键、Home 键是行首键、Page Down 键是向下翻页键、Delete 键是删除键、End 键称为行尾键、Page Up 键是向上翻页键。
- 最下面的一组：四个光标键，分上下光标和左右光标。

（4）小键盘区

- 也叫数字键盘，共 17 个键位，便于快速输入数字，像常规计算器或加法器。
- 最上面一行有四个键从左到右分别是 Num Lock 键、斜杠键、星号键和减号键；其中 Num Lock 键是数字和鼠标状态的切换键，当数字键盘处于数字状态的时候，斜杠键是运算符号的除号键，星号键是运算符号的乘号键。
- 第一行下方是九个数字键 1 到 9，这些键组成了一个 3 乘 3 的方阵，方阵最上面的一组是 7、8、9 键；方阵中间的一组是 4、5、6 键；方阵最下面的一组是 1、2、3 键。
- 方阵的右边是 + 键和 Enter 键，方阵的下面是 0 和点号键。

（5）主键盘操作姿势和击键指法

为提高计算机操作速度和操作质量，用户应熟练掌握键盘操作的基本指法和技巧，养成良好的键盘操作习惯。键盘操作的基本姿势如下。

- 座椅高度合适，坐姿端正，两脚平放，全身放松，上身挺直并稍微前倾，手臂自然下垂。
- 两肘贴近身体，肘部距身体约 10 厘米，下臂和腕向上倾斜，与键盘保持相同的斜度；手指略弯曲，指尖轻放在基准键位上，左右手的大拇指轻轻放在空格键上。

- 按键时，手抬起伸出要按键的手指按键，按键要轻巧，用力要均匀。
- 击键前，十个手指放在基准键上。
- 击键时，要击键的手指迅速按目标键，由手指发力并立即反弹。
- 击键后，手指要立即放回基准键位，准备下一次击键。
- 不击键的手指不要离开基准键位。

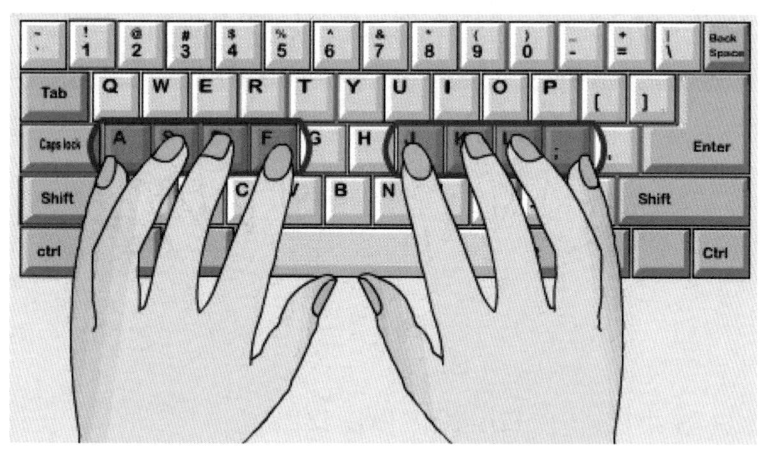

图 2.2

[A][S][D][F][J][K][L][;] 八个按键称为“导位键”，用来定位用户的手在键盘上的位置。输入时，左右手的八个手指头（大拇指除外）从左至右自然平放在这八个键位上，左手大拇指或右手大拇指同时负责击打空格键。键盘左半部分由左手负责，右半部分由

右手负责，每一只手指都有其固定对应的按键。击键之前手指放在导位键上，击键时，要击键的手指迅速击目标键，瞬间发力并立即反弹，击键完毕后手指要立即放回基准键上，准备下一次击键。这样，十指分工，包键到指，各司其职，才能有效提高击键的准确和速度。（见图 2.2 和 2.3）

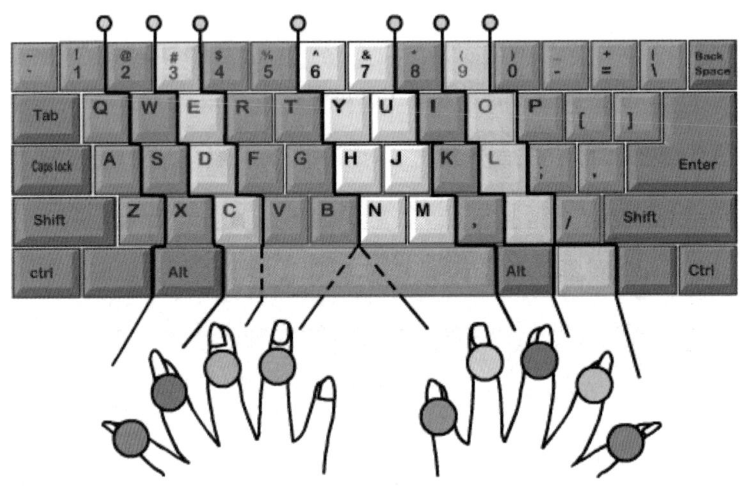

图 2.3

- 左小指：[`]、[1]、[Q]、[A]、[Z]
- 左无名指：[2]、[W]、[S]、[X]
- 左中指：[3]、[E]、[D]、[C]
- 左食指：[4]、[5]、[R]、[T]、[F]、[G]、[V]、[B]
- 左、右拇指：空白键
- 右食指：[6]、[7]、[Y]、[U]、[H]、[J]、[N]、[M]
- 右中指：[8]、[I]、[K]、[,]

- 右无名指：[9]、[O]、[L]、[.]
- 右小指：[0]、[–]、[=]、[P]、([ )、( ])、[;]、[']、[/]、[\]
- [Enter] 键：在键盘的右边，使用右手小指按键。
- [Shift] 键：有些键具有两个字母或符号，主键盘区最上面一行为数字键和特殊符号键，用户可通过 [Shift] 键，在数字键和特殊符号键之间切换，左右两边各有一个 [Shift] 键。

（6）小键盘击键指法

- 基准键位：小键盘的基准键位是“ 4，5，6”，分别由右手的食指、中指和无名指负责。
- 定位键：小键盘的定位键是“5”，该键下边有凸起的短横杠，便于触摸定位，将中指放在定位键上。
- 食指负责小键盘左侧自上而下的“Num Lock，7，4，1”四个键。
- 中指负责“/ (除)，8，5，2”四个键。
- 无名指负责“* (乘)，9，6，3”和“上档键 . (小数点) 或下档键 Del (删除键)”五个键；右侧的“– (减)、+ (加)、Enter (回车键)”三个键也由小指负责。
- 大拇指负责左下角“上档键 0 或下档键 Ins (插入键)”。

温馨小知识：键盘如果足够熟悉，后续用电脑做任何操作都会事半功倍。所以，基础一定要打好，特别是常用按键与击键手指的一一对应，要多多练习形成习惯！

课堂练习

◆ 请在老师的带领下，触摸键盘，学习正确的击键方法。

◆ 请打开记事本，在读屏软件的语音提示下，学习键盘的键位布局和击键方法。

2.2 认识输入法

(1) 什么是输入法

由于最早的电脑设计来源于英文国家，因此电脑键盘上只有英文字母和数字符号，如果没有输入法软件的帮助，用户是无法输入中文或其他国家文字的。输入法几乎是我们每一个中国人使用电脑时都会用到的软件，用户使用电脑撰写文档、网上冲浪、在线聊天时，就需要向电脑输入指令和信息，在输入法的帮助下与电脑进行人机对话。

(2) 如何选择输入法

中文常用的输入法有智能 ABC、微软拼音、搜狗拼音、智能五笔、手写和语音输入法。用户也可根据自身的使用习惯和爱好来选择输入法，一般来说，用户喜欢选择容易学习、通用性好、效率高、兼容性好的输入法。例如学过汉字、能清楚记忆汉字笔画结构的用户，可选择五笔字型输入法，它是目前输入速度较快、使用最广的一种输入法，如果用户仅学习过盲文而没有学过汉字，可选择拼音输入法，因为盲文本身就是音码。本教程推荐安装和使用搜狗拼音输入法。

（3）搜狗拼音输入法的安装和使用

搜狗拼音输入法是一款打字超准、词库超大、速度飞快、候选准确、外观漂亮、深受用户喜爱的输入法。搜狗拼音输入法于 2006 年 6 月 5 日发布第一个版本，成为中文输入法里程碑，颠覆了智能 ABC 时代，彻底打破了死记硬背候选位置，让打字更自由、更准确、更智能。下面以搜狗拼音输入法为例讲解如何安装和使用。（如图 2.4）

图 2.4

- 安装：下载地址 http: //pinyin.sogou.com/，建议默认安装。
- 输入法切换：按 Ctrl+Shift 键切换输入法，这是 Windows 操作系统的输入法切换快捷键，适合多个输入法之间的切换。按 Ctrl+ 空格键切换中文与美式键盘，这是操作系统全局快捷键。在搜狗拼音输入法状态下，按 Shift 键可以切换中英文状态。

- 用户可输入智能组词与整句输入，如输入“大家好”，直接输入 dajiahao，整句输入如“今天我在深圳南山图书馆学习电脑”，直接把这段话用全拼一次性打出，无须通过单字或某个词来输入。（如图 2.5）
- 超级简拼：输入词语的第一个首字母，即可得到想要的词语，如输入“搜狗科技”，只要输入 sgkj 就可以在首选项中找到。

jin'tian'wo'zai'shen'zhen'nan'shan'tu'shu'guan'xue'xi'dian'nao　6. 搜索：今天我在深圳南...

1. 今天我在深圳南山图书馆学习电脑　2. 今天我　3. 今天　4. 金田　5. 金天

图 2.5

2.3　认识鼠标

图 2.6

温馨提醒：学习鼠标的使用方法，可作为延伸阅读，主要是为了方便后期学生使用模拟鼠标。

（1）什么是鼠标

鼠标和键盘一样，也是计算机的一种输入设备。鼠标是计算机显示系统纵横坐标定位的指示器，也叫显示系统位置指示器，因形似老鼠而得名（如图 2.6）。鼠标的使用是为了使计算机的操作更加简便快捷，协助键盘输入指令，没有鼠标的情况下也可以通过键盘完成输入操作。

（2）鼠标握持的正确方法

食指和中指自然地放置在鼠标的左键与右键上，拇指横放在鼠标的左侧，无名指与小指自然放置在鼠标的右侧。手掌轻贴在鼠标的后部，手腕自然垂放于桌上。

（3）鼠标的基本操作

鼠标的基本操作包括移动、单击、双击、右击、选取、拖动和滚轮等。我们在电脑屏幕上看到的光标，即为鼠标的运动轨迹。

- 鼠标的移动：按照正确的方法握住鼠标，在桌面或鼠标垫上移动。此时，电脑中的指针也会做相应移动。
- 鼠标的单击：当鼠标指针移动到某一图标上时，用食指按下鼠标左键，然后快速松开，对象被单击后，通常显示为高亮形式。该操作主要用来选定目标对象，选取菜单等。
- 鼠标的双击：用食指快速地按下鼠标左键两次，该操作主要用来打开文件、文件夹、应用程序等。如双击“QQ”图标，即可打开“QQ”窗口。注意两次按下鼠标左键的间隔时间要短。
- 鼠标的右击：右击即为单击鼠标右键，用中指按下鼠标右键即可。该操作主要用来打开某些右键菜单或快捷菜单。如在桌面上空白处点击右键就可以打开快捷菜单。
- 鼠标的选取：单击鼠标左键，并按住不放，这时移动鼠标会出现一个虚线框，最后释放鼠标左键。这样在该虚线框中的对象都会被选中。该操作主要用来选取多个连续的对象。

- 鼠标的拖动：将鼠标移动到要拖动的对象上，按住鼠标左键不放，然后将该对象拖动到其他位置后再释放鼠标左键。该操作主要用来移动图标、窗口等。
- 鼠标的滚轮：主要用于浏览网页，当手指滚动滚轮，网页即可上下翻动，免去了移动鼠标和点击滚动条之苦，非常直观易用，滚轮也可以取代滚动条实现上下翻动功能。

温馨提醒：上文的鼠标握持和操作方法是根据系统默认的用手习惯进行说明的（即右利手），用户还可以通过改变电脑鼠标的设置变为左手握持和操作。

课堂练习

- 请在老师的带领下，触摸鼠标，掌握鼠标握持的正确方法。
- 掌握鼠标几种基本操作，如鼠标的单击、双击、右击、选取、拖动、滚轮等。

课后作业

1. 请坚持键盘练习每天 30 分钟以上，坚持 1 个月，熟记键盘的布局。

2. 请使用搜狗拼音输入法在记事本写一篇自我介绍，300 字以内，内容题材不限。

第 3 章　语音交流：读屏软件的应用

教学目标

- 认识电脑的读屏软件功能和应用。
- 学习手机读屏的常用操作和快捷键。

读屏软件是专为视障人士设计的屏幕朗读软件，读屏软件有电脑读屏和手机读屏两种。目前，国内常用的电脑读屏软件有阳光读屏、永德读屏、争渡读屏、布莱叶读屏等。用户通过数字键盘的切换操作，以及大键盘上的几个功能键的切换，就能够随心所欲地进行查找和处理文件，对网页进行导航浏览、编辑和收发电子邮件。

3.1　阳光读屏软件介绍

中国盲文出版社信息无障碍中心成立于 2005 年，前身是专为开发盲用软件而成立的研发小组。中心成立以来，在盲用软件研发、盲用信息化产品推广、盲用信息化服务标准方面做了许多基础性和开创性的工作。中心研发的阳光软件标准版，个人用户已

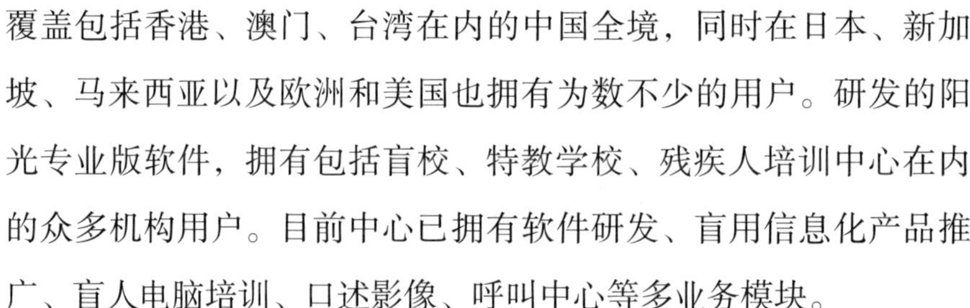

覆盖包括香港、澳门、台湾在内的中国全境，同时在日本、新加坡、马来西亚以及欧洲和美国也拥有为数不少的用户。研发的阳光专业版软件，拥有包括盲校、特教学校、残疾人培训中心在内的众多机构用户。目前中心已拥有软件研发、盲用信息化产品推广、盲人电脑培训、口述影像、呼叫中心等多业务模块。

（1）阳光标准版

阳光标准版（阳光读屏软件），是中国盲文出版社开发的一款辅助视障人士使用电脑的屏幕阅读软件。阳光读屏软件浏览模式综合了世界各家先进读屏的特点，并加以创新，从而形成了具有方位浏览和线性浏览相结合，支持各种元素快速跳转、指定索引号跳转等特性的崭新浏览方式。该浏览方式具有通用性强、操作灵活、使用简便的特点，兼顾了初学者和高级用户的不同操作需求。它具有以下特点。

- 全面的 Windows 系统支持：可运行于 Windows XP / 7 / 8 / 10，X86 / X64 系统。
- 丰富的语音配置：内置 AiSound 高清晰语音库，支持普通话、粤语、英语语言。
- 强大的浏览模式：该功能建立在对系统屏幕内容的相对行列位置基础之上，支持全文朗读、逐行、逐元素、逐字朗读。
- 元素分类型浏览：支持任意窗口内查看特定类型的元素，如只查看链接、按钮、编辑框等，提高浏览效率。
- 朗读设置：支持详细朗读、精简朗读，以及用户自定义朗读方式。可针对每种元素独立定制信息是否朗读，以及朗读次序。

- 多浏览器支持：可朗读 IE、Chrome、Firefox，以及使用以上内核的其他浏览器。
- 兼容笔记本键盘布局：读屏绝大部分功能均支持笔记本键盘直接操作，无须外接键盘。
- OCR 图形文本识别：支持朗读常规方式无法操作的软件窗口，如某些第三方应用的安装、卸载，支持鼠标定位和单击操作。
- 丰富的点显器支持：可连接多种点显器进行盲文点字显示，如文星、清华、HandyTech，支持 BrlTTY，兼容其他绝大多数常见点显器型号。
- 输入法：支持 Windows XP / 7 / 8 / 10，微软拼音，支持符合无障碍标准的输入法。
- 低视力辅助功能：支持屏幕放大镜，可调节多种放大倍数。支持反色，支持全屏模式，支持窗口放大、行式放大、自动放大，分割固定，支持高亮鼠标、高亮光标。

（2）阳光专业版

阳光专业版（盲文编辑器）主要用于省、市、县残联、图书馆、盲校、盲聋哑学校、特教学校、盲人培训机构和盲文出版社等单位印制盲文会议文件、材料和培训教案、教材，考试试卷、校刊、书刊等，为盲人提供可直接阅读的盲文书刊、著作，进行明盲文字信息交流等。该系统有单机版和网络版供选择。

该系统适应当今计算机主流操作系统，能将汉字文章直接翻译

为盲文，将盲文直接翻译为汉文，将电子版的汉文翻译为盲文。可选用现行盲文和双拼盲文两种盲文文字，印制纯盲文文本或盲汉对照文本两种版式，提供盲汉对照文本的同步编辑修改功能，为不懂盲文的人提供编印盲文的条件，为学习盲文的人提供学习条件。该系统能自动处理盲文版式，具有制作简单图形、制表、处理标题、封面、封底，自动形成目录文件、校改、处理多音字等功能，用户可对专业词库、人名库进行添加、修改、导入、导出。

（3）阳光读屏软件快速入门

启动阳光读屏软件后，在默认设置情况下屏幕上会显示出读屏的主窗口。如果您设置了“启动后最小化到托盘”，则可以使用阳光功能键 +F11 将阳光主窗口显示到前台。

主窗口最上方的标题栏，显示了您当前使用的软件版本，如“阳光读屏 7.0.3245”。紧接着下面是菜单栏，包括“文件（F）”“设置（T）”“选项（O）”“帮助（H）”等菜单项目。菜单栏下面是一个文本区域，显示了一些操作提示，如“按 Alt 打开菜单设置或查看帮助”。根据以上的操作提示，您可按 Alt 键激活菜单栏，用左、右箭头在各菜单项之间切换，上、下箭头展开相应子菜单。每个子菜单后跟该功能的相应热键，如“阳光快捷菜单（C）小键盘 0+Esc”。用户可以在菜单中选择所需的功能，也可使用对应热键进行快速操作。

阳光读屏软件浏览模式综合了世界各家先进读屏的特点，并加以创新，从而形成了具有方位浏览和线性浏览相结合，支持各种元素快速跳转、指定索引号跳转等特性的崭新浏览方式。该浏览模式具有通用性强、操作灵活、使用简便的特点，兼顾了初学者和高级用户的不同操作需求。阳光读屏软件浏览模式对应于传统读屏中模拟鼠标（小键盘）的功能，同时又融合了网页的操作。下文中提到的读屏功能大部分都有多个热键与之对应，您可根据所使用的键盘布局、个人喜好自行选择使用合适的热键。小键盘0、大小写切换键、插入键都可以作为阳光功能键使用。插入键、大写锁定、小键盘 0 三键通用，快捷键列表里提到的插入键都可以用这三个键里的任意键代替。

温馨提醒：更多说明及快捷键介绍见第 14 章的 14.2。

3.2　争渡读屏软件介绍

（1）争渡读屏主要功能和特点

争渡读屏有免费的公益版和付费的商业版。争渡公益版本，用户可以免费下载和使用，基础功能完整且能永久使用，没有使用时间限制，支持常规软件和基本的第三方软件。争渡商业付费版本，具有争渡路标、OCR 识别、争渡监视等特色功能。争渡网络付费版本可用于局域网环境，适合学校、残联培训中心、图书馆等单位使用，功能与商业版相同。争渡之多云可免费使用，是一款融聊天助手、语音助理、语音输入法、电脑入门教学、音乐视听下载、新闻阅读、实用查询、验证码识别等常用功能为一体的辅助工具。本教程电脑学习过程中使用的读屏软件均是争渡公益版。您可前往争渡读屏官网下载，网址：http://www.zdsr.com。（如图 3.1）

图 3.1

- 具有良好的系统兼容性，支持 Windows XP、Windows7、Windows10 等操作系统。
- 支持搜狗拼音、QQ 拼音、微软拼音等主流输入法的朗读。
- 支持语音输入法，支持语音命令控制电脑，如“打开计算机”等。
- 支持模拟鼠标，利用小键盘区按键模拟鼠标动作，包括二八导航、四六导航等。
- 具有放大镜功能，让低视力用户操作电脑更方便。
- 支持网页按元素访问。
- 支持 Office，支持点显器，支持控制台操作，支持国际化语言。
- 争渡读屏自带了详细的使用帮助文档，方便用户在使用过程中随时查阅。

（2）争渡读屏的快捷键安排

争渡读屏的快捷键安排力求科学、简单、易记、高效。为了更好地协助用户使用电脑，争渡读屏提供了一些除了 Windows 操作系统本身的快捷键之外的一些快捷键，主要用于控制读屏自身的功能、改善操作的便捷性、提高电脑操作效率。争渡读屏的快捷键一般都是由基础键加其他键来实现的，基础键主要有 ZDSR（争渡读屏键）、Ctrl（控制键）、Windows（微软徽标键，以下简称 Win 键）、Alt（更改键）、Shift（转换键）以及它们的组合，其他键主要由小键盘数字、大键盘数字、大键盘字母、上下左右光标键、上下翻页键、F1–F12 等组成。另外需要指出的是，一般情况下，请把小键盘的 NumLock 键（数字键）切换到热键状态，否则某些快捷键无法生效。NumLock 键位于小键盘左上角。

（3）关于 ZDSR 键的说明

- ZDSR 键是争渡读屏定义的专用功能键，也称为“争渡读屏键”。它可以与其他键组成各种组合键，默认情况下小键盘的 0 已经定义为 ZDSR 键，用户还可以把 Insert 键（插入键）、CapsLock 键（大小写切换键）同时设置成 ZDSR 键。
- 用户在进行日常的电脑操作过程中很多情况下都要用到 ZDSR 键，如 ZDSR+F12 是朗读当前时间；ZDSR+F9 可以切换语音方案；ZDSR+F10 可以切换声卡。
- ZDSR+M 可以开启和关闭读鼠标功能，低视力的用户若想使用争渡读屏的读鼠标功能，可以按下该热键，开启

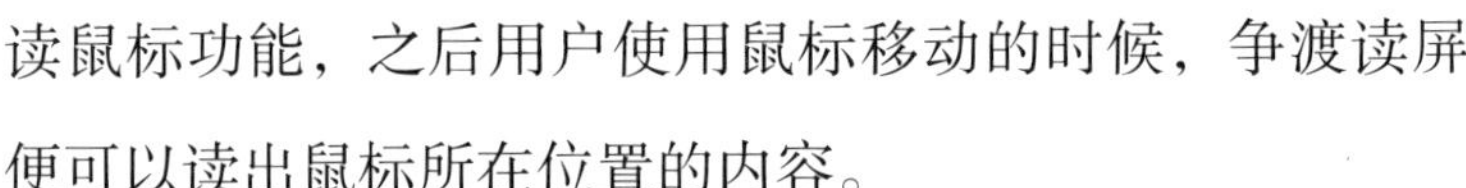

读鼠标功能，之后用户使用鼠标移动的时候，争渡读屏便可以读出鼠标所在位置的内容。

（4）争渡读屏常用操作

- 打开：争渡读屏公益版的默认启动快捷键是 Ctrl+Alt+F10，争渡读屏软件商业版的默认启动快捷键是 Ctrl+Alt+F12。
- 关闭：争渡读屏软件的退出快捷键是 ZDSR+Esc。
- 暂停：若想暂时关闭争渡读屏，可以按下键盘上的 Pause 键，将读屏切换到停止工作状态，需要恢复读屏朗读的时候，再次按下 Pause 键即可。
- 菜单：ZDSR+Z 打开“争渡菜单”，用上下光标键可以在各个菜单项目之间切换。菜单提供了读屏设置、语音方案设置等读屏主要设置菜单，用户可以打开争渡读屏设置对话框，进行个性化的读屏设置。（如图 3.2）

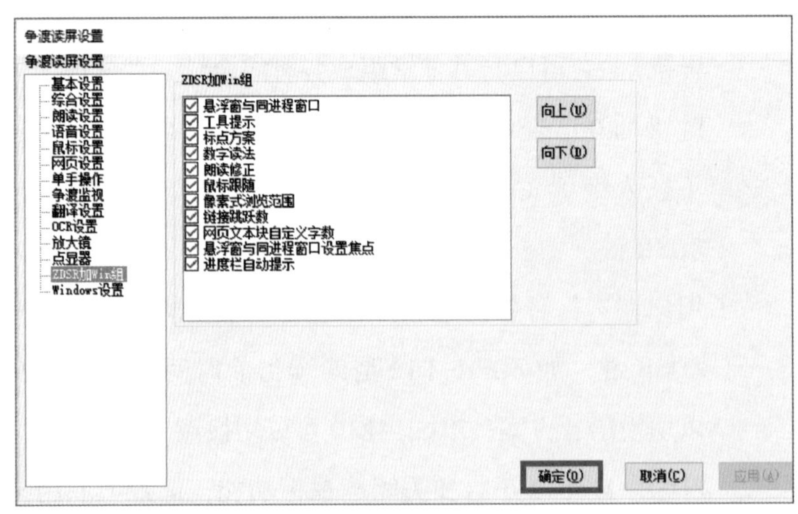

图 3.2

（5）模拟鼠标

模拟鼠标是指利用小键盘区的按键来模拟普通的鼠标动作，从而解决了盲人无法使用鼠标的缺憾。争渡读屏对模拟鼠标操作的支持主要有两种形式：第一，按一定规则将当前窗口划分成若干小的区域，利用快捷键在区块之间切换；第二，按照一定的像素，通过快捷键来移动。区块式导航主要利用小键盘的数字来操作，都采用单键。而像素式的移动则是使用 ZDSR 加上小键盘的数字来作为快捷键。区块式导航又可以分成四六导航和二八导航，这两种模式切换通过 ZDSR 加加号来实现。

温馨提醒：更多争渡读屏快捷键，请见第 14 章的 14.3。

（6）之多云

之多云一款融聊天助手、语音助理、语音输入法、音乐视听下载、新闻阅读、实用查询、验证码识别等常用功能为一体的综合性视障人士互联网生活辅助工具。之多云支持 Windows XP、Windows 7 系统，用户可以从争渡软件官方网站免费下载，网址是：http://www.zdsr.net/。下载后，根据提示进行安装（如图 3.3）。安装完成后，桌面上会有“之多云”的快捷方式，Enter 键即可启动打开之多云主窗口，整个窗口按照从上到下的顺序主要有标题栏、工具栏、应用列表、信息显示区域和状态栏，在之多云软件窗口内直接按 F1 可以快速打开帮助文档，使用过程中可以随时查阅。按 Esc 或者 Alt+F4 可以隐藏之多云主窗口，需要时可按热键 Alt+~，或者在任务栏找到之多云图标，重新调出主窗口（如图 3.4）。

争渡读屏
关于 联系 下载 争渡网
作为付费版本，具有争渡路标、OCR识别、争渡监视等特色功能。
下载争渡读屏商业版2018 贺岁版
立即购买
查看详情（2018-02-05）
这是争渡读屏的免费版本，您可以自由下载、使用和传播。
基础功能完整且能永久使用，没有使用时间限制，支持常规软件和基本的第三方软件。
下载争渡读屏公益版1.5.3.0
查看详情（2017-07-17）
争渡读屏网络版
争渡读屏网络版用于局域网环境，适合学校、残联培训中心、图书馆等单位使用。功能与商业版相同。
截至目前，已经有广州盲校、南昌盲校、杭州残联培训中心、威海长城爱心大本营等多家学校、残联和社会培训机构使用网络版进行了教学培训。
了解详情
之多云
之多云是一款集聊天助手、语音助理、语音输入法、音乐视听下载、新闻阅读、实用查询、验证码识别等常用功能为一体的综合性视障人互联网生活辅助工具。
下载之多云1.0.4.6
查看详情（2017-07-17）

图 3.3

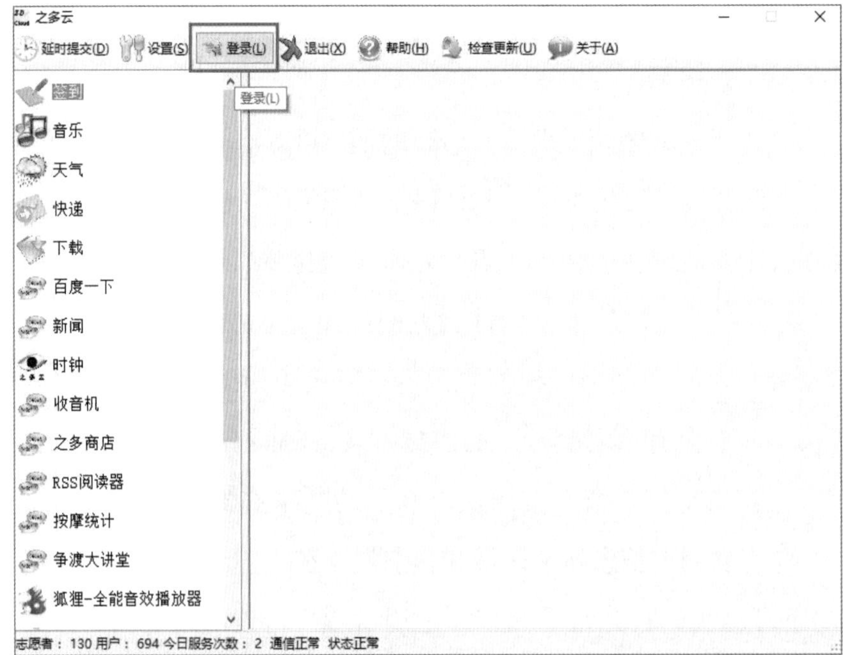
之多云
延时提交(D)
设置(S)
登录(L)
退出(X)
帮助(H)
检查更新(U)
关于(A)
登录(L)
签到
音乐
天气
快递
下载
百度一下
新闻
时钟
收音机
之多商店
RSS阅读器
按摩统计
争渡大讲堂
狐狸-全能音效播放器
志愿者：130 用户：694 今日服务次数：2 通信正常 状态正常

图 3.4

课后作业

1. 练习打开和关闭争渡读屏软件，熟悉争渡读屏的常用操作按键。

2. 打开记事本，在读屏软件的语音提示下，进行键盘打字练习。

第 4 章　Windows 操作系统

教学目标

- 认识 Windows 操作系统的桌面、窗口、图标。
- 学习 Windows 操作系统常用的窗口操作。

4.1　认识 Windows 界面

第 1 章提到操作系统软件的重要性，指出操作系统是管理和控制计算机硬件与软件资源的计算机程序，用于管理计算机的硬件设备，使应用软件能方便、高效地使用这些硬件。电脑必须有操作系统软件的支持才能正常运行，任何应用软件都必须在操作系统软件的支持下才能运行。目前 PC 电脑最常用的操作系统是微软公司开发的 Windows 系统，因其个人版简单易操作受全球个人用户的喜欢。Windows 操作系统采用图形窗口界面，用户对计算机的各种复杂操作只需通过窗口操作就可以实现。Windows 操作系统从 Windows 1 到 Windows 10，不停地升级改进，目前个人版最高为 Windows 10，本书使用的是 Windows 7 系统。

开机启动 Windows7 操作系统后，显示器屏幕上显示的画面叫作桌面，桌面上可以摆放很多桌面图标，如果将桌面比作办公桌的话，那桌面图标就好比办公桌上的工具。Windows7 操作系统默认的桌面上主要包括“桌面图标”“任务栏”两个分区。（如图 4.1）

图 4.1

（1）桌面图标

桌面图标是操作系统中带有标志性的小图标，用来表示电脑里面的程序、文件、文件夹或某一种快捷方式等。桌面图标有：计算机图标、IE 浏览器图标、文档图标、回收站图标、应用软件图标等。

计算机图标：管理存放在电脑中的数据。

- IE 浏览器图标：用于访问互联网。
- 文档图标：用于存放个人的文件。
- 回收站图标：用于保存暂时删除的文件，用户可对回收站里的文件进行清空或还原。
- 应用软件图标：用户每安装一个应用软件，桌面上都会相应地增加这个应用软件的图标，用于快速启动这个应用程序。

（2）任务栏

任务栏位于桌面的最下方一栏，呈长条状，它主要包括开始菜单、快速启动区、任务排列切换区、通知区等。（如图 4.2）

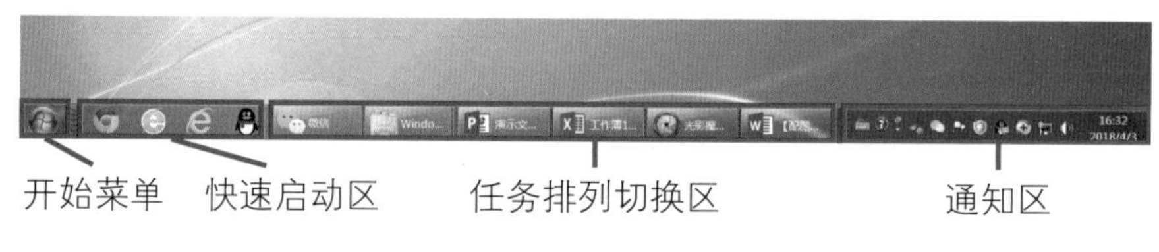

图 4.2

①开始菜单

用户按“Win 键”会弹出一个开始菜单，菜单包含快捷程序区、所有程序区、搜索区、账户区、系统控制区、退出程序区六个区域。开始菜单功能非常强大，几乎包含了使用电脑进行操作的所有工作。（如图 4.3）

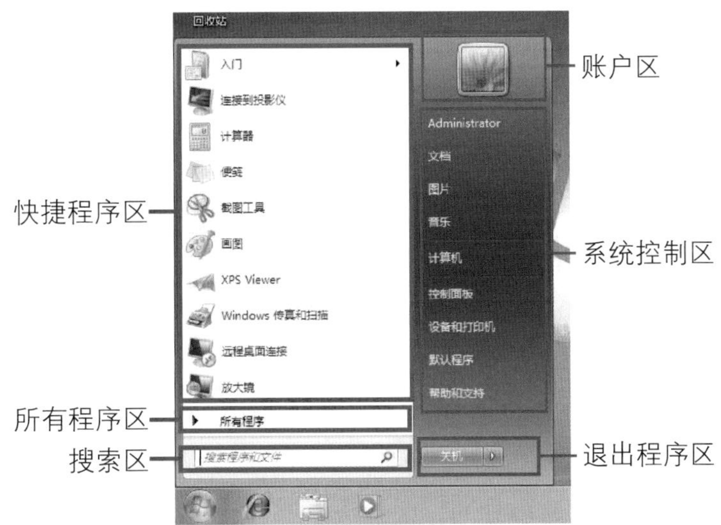

图 4.3

- 快捷程序区：显示用户最近使用的程序，选择相应的菜单项即可启动该程序；
- 所有程序区：显示了电脑中安装的所有应用程序；
- 搜索区：可以搜索所有程序区中的程序；
- 账户区：显示当前用户的账户名及相应的头像；
- 系统控制区：部分菜单作用与桌面上相应的图标相同，如“文档”“计算机”等；
- 退出程序区：有一个“关机”按钮和一个向右的三角箭头，三角箭头按右光标弹出的菜单可以进行“切换用户”“注销”“锁定”“重新启动”和“睡眠”等操作。

②快速启动区

用于快速启动相应的应用程序，用户使用 Tab 键切换至快速

启动栏，然后用左右光标选择，找到想要启动的程序，按 Enter 键即可启动此程序。

③任务排列切换区

Windows 是个多任务操作系统，这意味着用户可以在桌面上同时打开多个窗口，任务排列切换区用于显示已打开运行的窗口。虽然桌面上有多个打开的窗口，但只能有一个是活动窗口，用户可按 Alt+Tab 键对窗口进行切换。（如图 4.4）

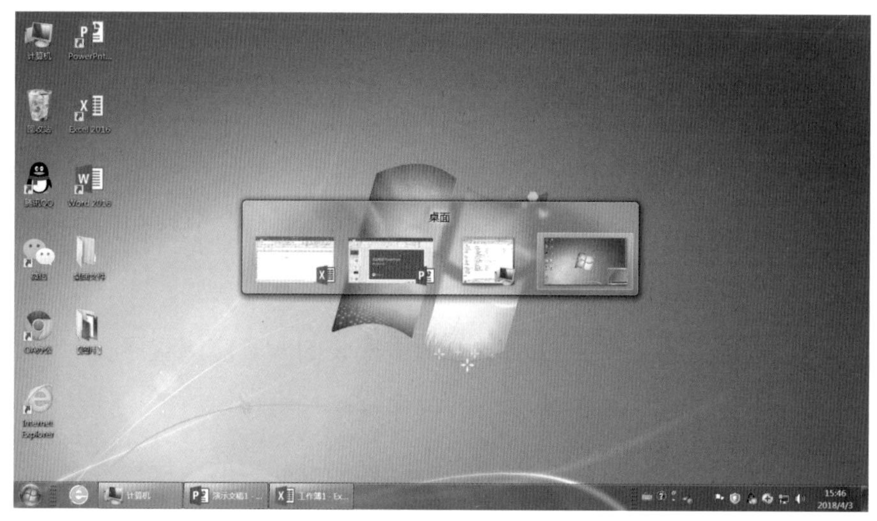

图 4.4

④通知区

显示常用的系统信息，如时间、输入法、音量及一些正在后台运行的应用程序图标等。用户可按 Win+B 键将焦点设置到通知区，用左右光标选择要操作的项目。切换输入法按 Alt+Shift 键。

（4）开始菜单操作举例说明

☞ 启动应用程序

启动应用程序，首先按 Win 键打开“开始”菜单，用上光标键找到“所有程序”菜单，按右光标展开；然后依然用上 / 下光标键找到程序，按 Enter 键即可启动此程序。

☞ 查找内容

在计算机中查找文件的存放位置，往往会浪费很多时间，使用“搜索”命令可以帮助用户快速找到所需的文件。按下开始菜单键时，直接输入要查找的文件名信息，可以是这个文件的全部文件名，也可以是文件名中的一部分。然后按 Enter 键，系统开始搜索，搜索完成后会弹出一个窗口，工作区会显示所有搜索到的文件；如没有搜索到文件，弹出的窗口会显示：“没有与搜索条件匹配的项”，即没有找到文件。（如图 4.5）

图 4.5

启动应用程序和查找内容的操作是开始菜单中最典型、最常用的操作。

4.2　认识 Windows 窗口

在 Windows 界面中打开一个文件夹或者运行一个程序都会打

开一个相应的窗口，每一个程序必不可少打开的都是一个对应的窗口，打开多个窗口时，有且仅有一个是活动窗口。Windows 常见的窗口类型可分为应用程序窗口、文件夹窗口、文档窗口和对话框窗口等几种。不同类型的窗口其组成也有差别，但主要元素基本相同，包含标题栏、地址栏、菜单栏、工具栏、工作区、状态栏等部分。下面以桌面上的“计算机”窗口为例来说明各元素的位置和功能。（如图 4.6）

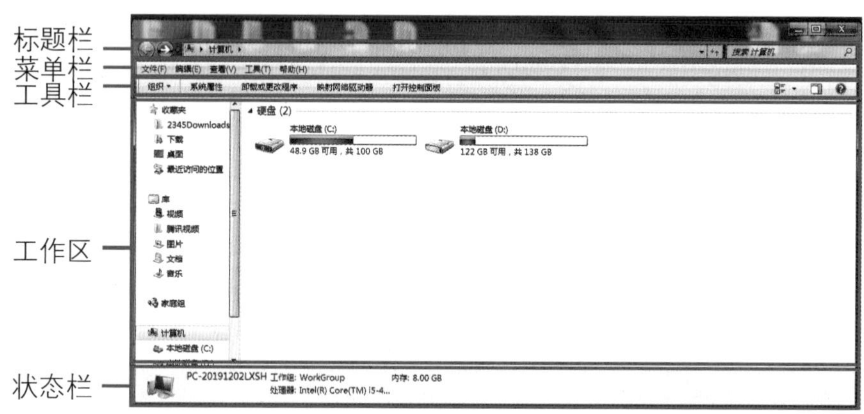

图 4.6

（1）窗口的组成

- 标题栏：窗口上方的蓝条区域，标题栏左边有控制菜单图表和窗口中程序的名称。
- 菜单栏：位于标题栏的下边，包含很多菜单。
- 工具栏：位于菜单栏下方，它以按钮的形式给出了用户最经常使用的一些命令，如复制、粘贴等。

- 工作区：窗口中间的区域，窗口的输入输出都在它里面进行。
- 状态栏：位于窗口底部，显示运行程序的当前状态，通过它用户可以了解到程序运行的情况。
- 滚动条：如果窗口中显示的内容过多，当前可见的部分不够显示时，窗口就会出现滚动条，分为水平与垂直两种。
- 窗口缩放按钮：最大化、最小化、关闭按钮。

(2) 识别对话框

对话框是一种特殊的窗口，是人机交流的一种方式，对话框中一般都有“选项卡”“单选框”“复选框”“关闭”，命令按钮如“确定”“应用”“取消”等。用户通过对话框的按钮和各种选项进行设置，让计算机执行相应的命令。不同命令的对话框，其界面与操作都各不相同，我们将在后续的课程中，分别对不同类型的对话框进行讲解。

(3) Windows 窗口操作练习

- 窗口打开：

按 Win+M 键可以在任何情况下使焦点回到桌面，也可用 Win+D 键最小化所有窗口从而使焦点回到桌面。桌面上的图标排列成阵，用上、下、左、右光标键选择，按 Enter 键打开。

- 窗口关闭：

关闭文档窗口：Ctrl+F4；关闭应用程序窗口：Alt+F4。

常用的窗口操作练习：

Win+E：打开资源管理器，即打开我的电脑。

Win+F：打开搜索文件的窗口。

Alt+Tab：先按 Win+D 键或 Win+M 键使焦点回到桌面，再进行窗口的切换。

Alt/F10：激活窗口菜单。

Esc：取消一上次操作。

（4）如何更改 Windows 系统时间

用户可按 Windows+B 键将焦点设置到通知区，按右光标找到“时钟”按钮，按 Enter 键弹出“日历”对话框。按 Tab 键找到“更改日期和时间设置”按钮，按 Enter 键弹出“日期和时间”对话框，按 Tab 键找到“更改日期和时间设置”按钮，按 Enter 键弹出“更改日期和时间设置”对话框，用户可用 Tab 键和上下左右光标选择新的时间。最后，用 Tab 键选择对话框中的“确定”按钮，按 Enter 键确认完成操作。（如图 4.7）

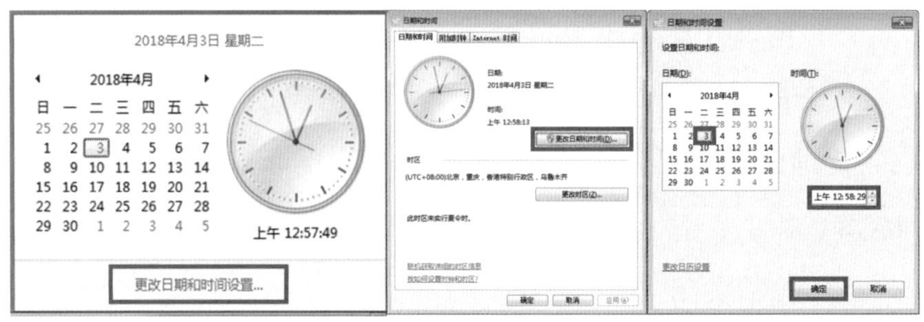

图 4.7

课后作业

1. 练习“开始”菜单的操作，练习启动应用程序和查找内容。

2. 打开一个窗口，激活窗口菜单，然后关闭窗口。

3. 打开多个窗口，尝试切换不同窗口。

第 5 章　井井有条：管理好电脑资源

教学目标

- 了解计算机文件管理形式。
- 了解文件的命名规则，认识常用文件类型的扩展名。

5.1　认识文件和文件夹

(1) 什么是文件

电脑作为一种辅助我们学习和生活的工具，它一定会安装各种各样的程序、存储各种各样的信息，计算机中的程序和信息都是以文件形式存储在硬盘中的。一个应用程序、一篇文章、一首歌曲、一部电影、一个游戏都可以成为一个文件。

图 5.1

每一个文件都要有一个图标和文件名，相同类型的文件，其图标是相同的。文件名由主文件名和扩展名构成，主文件名和扩展名之间

用分隔符“.”分开，扩展名表示文件的类型，不同类型的文件，它们的扩展名也不一样。（如图 5.1）

常见的文件类型有：

- mp3，wav，wma，ram 是音频文件的扩展名；
- mp4，mpg，avi，wmv，mov，flv 是视频文件的扩展名；
- .jpg .png .jpeg 是图像文件的扩展名；
- txt 是文本文件的扩展名；
- doc 是 Word 文档的扩展名；
- ppt 是演示文稿的扩展名；
- exe 是可执行程序的扩展名。

温馨提醒：电脑是外国人发明的，文件名自然也跟着外国人的名字来起了。文件名由主文件名和扩展名构成，主文件名和扩展名之间用分隔符“.”分开，前面是文件的名字，后面是文件的“姓”，这个“姓”就决定了这个文件的属性、类型。

（2）什么是文件夹

用户对电脑中的文件进行分类存放就需要用到文件夹，文件夹如同摆放书籍的书架，用来存放电脑中各种不同类型的文件，否则成千上万的文件都存放在同一个位置，查找起来就太困难了。用户可以利用文件夹分门别类地保存和管理不同的文件，文件夹与文件之间的关系是包含与被包含的关系，就好比衣柜和衣服之间的关系，用户通常会将不同类型或不同季节的衣服存放在衣柜中的不同区域，同样也可以将不同类型的文件存放到相应的文件

夹中。例如，用户可将歌曲类的文件存放到“歌曲”文件夹中、将所有的电影类文件存放到“电影”文件夹中，以此类推。

Windows 操作系统采用“文件夹”来存放文件，而且“文件夹”不仅可以存放文件，也可以存放“文件夹”。例如“歌曲”文件夹中可以存放两个子文件夹，分别为“中文歌曲”子文件夹和“英文歌曲”子文件夹，这样，能更好地细分类别。（如图 5.2）

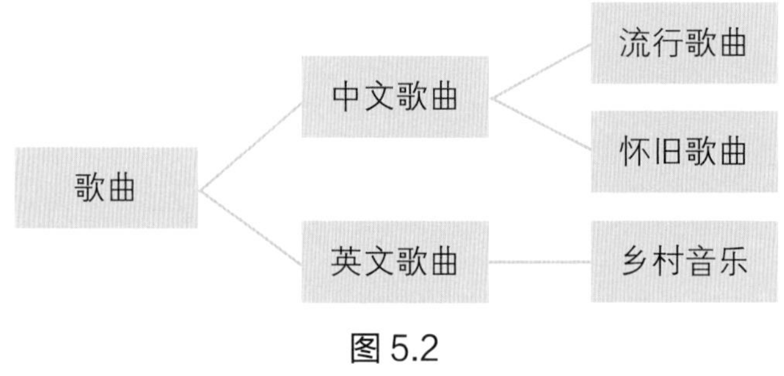

图 5.2

（3）文件和文件夹的命名规则

- 见名知义，方便日后记忆和查找；
- 可使用字母、数字、符号和汉字，但不能超过 256 个字符；
- 不能用 \/ : * ? # ” < > | 等符号；
- 不区分大小写，如 A1=a1；
- 可以使用多分隔符的名字，如 X 公司 . X 部门 . XXX。

温馨小知识：文件的命名以及文件夹的分类设置很重要。命名简单而清晰、文件夹设置合理的话，当你要查找某个历史文件时，才能快速找到！

5.2　管理电脑中的文件

上一节课我们学习了 Windows 操作系统中的文件管理办法，用“文件夹”来存放文件，文件夹不仅可以存放文件，还可以存放子文件夹。那么，在 Windows 操作系统中，我们用什么工具来管理文件和文件夹呢？“计算机”是一个非常重要的浏览和管理文件的程序，利用这个程序可以查看电脑磁盘上的文件，并对文件进行创建、选择、复制、移动、删除、还原和重命名等操作。下面以创建一个名为“图书馆”的文件夹举例说明。

（1）新建一个文件夹

- 第一步：按 Win+M 键，将焦点设置到桌面，按上 / 下光标键找到“计算机”图标。然后按 Enter 键打开，用光标键在“计算机”里找到并选择 D 盘，按 Enter 键打开。
- 第二步：按 Alt 键激活窗口菜单栏，用下光标键找到“新建”子菜单，按右光标展开，在“新建”子菜单中选择“文件夹”项目，按 Enter 键即可创建新文件夹。（如图 5.3）
- 第三步：新建的文件夹默认名称是“新建文件夹”，此时文件夹的名称处于可编辑状态，用户可输入“图书馆”来为新建的文件夹命名。

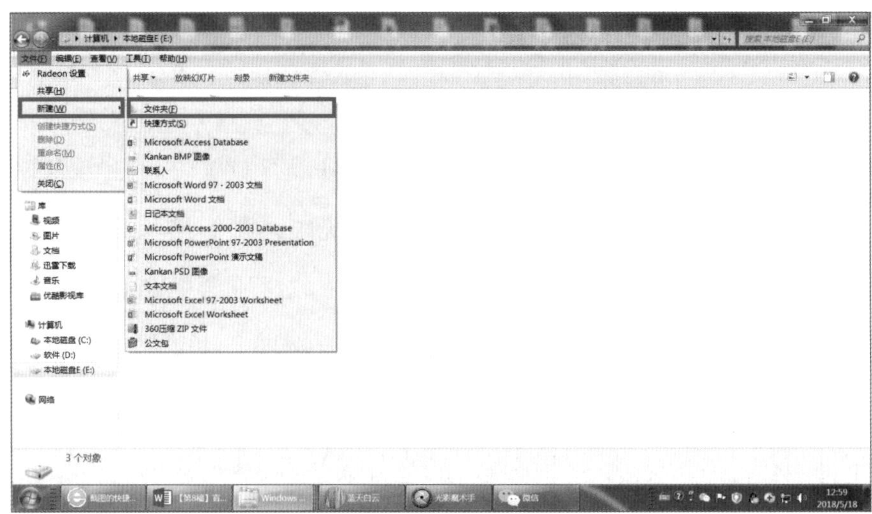

图 5.3

温馨提醒：用户可在目标位置直接按 Ctrl+Shift+N 键新建文件夹。

（2）文件常用操作

以“图书馆”文件夹为例，讲解文件的常用操作：首先要找到这个文件，如果记得文件的存放位置，直接找到这个文件，用户也可以用搜索方式来找到这个文件，再进行相关操作。

- 选择：找到“图书馆”文件夹，即是选中该文件夹。
- 打开：找到“图书馆”文件夹，按 Enter 键打开文件夹。
- 复制：找到“图书馆”文件夹，按 Ctrl+C 键复制，在新位置按 Ctrl+V 键粘贴。
- 移动：找到“图书馆”文件，按 Ctrl+X 键剪切，在新位置按 Ctrl+V 键粘贴。

- 重命名：选中文件，按 F2 键，原来的文件名处于可编辑状态，直接输入新的文件名，即可替换原来的文件名。如果当前文件夹不是编辑状态，可以先定位到该文件夹，按空格键进行文件夹名字的编辑。
- 删除：对不需要的文件夹，可将其删除，选中文件后按 Delete 键，文件夹将放入“回收站”中，用户还可以还原“回收站”里的文件。如果想永久删除文件夹，可按 Delete+Shift 键。

温馨提醒：移动和复制文件的时候，要把文件从原来的位置移动到新的位置，需要切换不同窗口，需要记住窗口的标题以及利用 Alt+Tab 键切换窗口。

课后作业

1. 请你在 D 盘新建一个文件夹，命名为“图书馆”；然后用搜索功能查找到这个文件夹。
2. 选定“图书馆”这个文件夹，练习打开、复制、移动、重命名、删除等操作。

第6章　电子文档处理

教学目标

- 认识文档编辑软件。
- 学会用记事本和 Word 进行文档编辑。

如果用电脑来书写文字和保存信息，就需要用到文字编辑软件，常用的文字编辑软件有记事本和 Word。相比较而言，记事本更加轻量，功能也比较简单。而 Word 体量更大，支持的功能更加强大。初学者可以利用记事本进行文档编辑，有一定基础后可以通过 Word 学习文档编辑和排版。

6.1　记事本

(1) 基本介绍

记事本是微软公司内置在 Windows 操作系统里面的一个简单文字处理应用程序，可以让用户方便快捷地输入文字内容，保存存档。

(2) 打开记事本的方式

☞ 按下 Win 键，选择所有程序，查找到记事本并 Enter。

- 在桌面通过 Tab 找到记事本，并按 Enter 键（只适用于已将记事本放在桌面快捷方式）。
- 按下 Win 键，在搜索框输入 notepad，按 Enter 键，自动启动程序。

（3）记事本的界面介绍

记事本界面主要由菜单栏和工作区两部分组成，其中工作区是一大片的空白区域，用于输入具体的文字内容。而菜单栏是提供具体的操作菜单，主要由 5 个菜单构成，它们分别是“文件”“编辑”“格式”“查看”“帮助”。（如图 6.1）

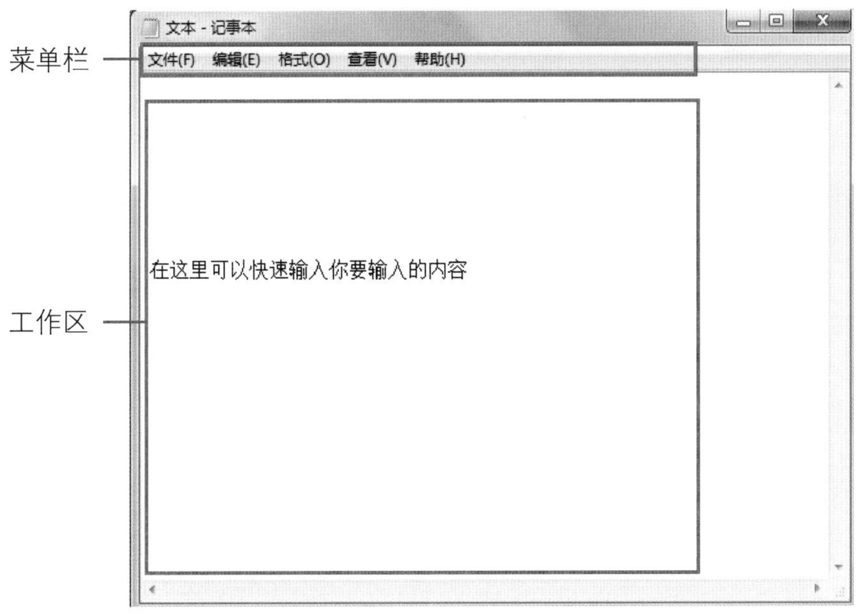

图 6.1

各个菜单的功能如下：

- “文件”菜单是用于文档的新建、打开、保存、另存为等功能。
- “开始”菜单有剪贴、复制、粘贴、查找、替换等功能。
- “格式”菜单用于设置字体格式和自动换行。
- “查看”菜单没有具体功能。
- “帮助”菜单提供帮助的指引。

4）文档的操作

- 创建文档

按住 Alt 键聚焦到菜单栏的“文件”菜单，通过上下键选中“新建”子菜单或者通过 Ctrl+N 快捷键即可新建一篇空白文档。

- 保存文档

在空白区域输入内容之后，通过菜单栏“文件”菜单的“保存”子菜单或者 Ctrl+S 快捷键即可保存。如果是第一次存储文档，系统会弹出文件对话框，用户选择相应路径之后切换到“保存”按钮按 Enter 键即可。

注意：文件对话框是一个比较复杂的界面。它是由上面的地址栏、搜索栏以及左边的文件树视图，右边的文件选择区，底下的文档保存栏等构成。如果用户在选择保存路径的时候，记得具体的存放路径，可以使用 Tab 键操作读到“计算机”，再用上下方向键选择具体磁盘，按 Enter 键再通过 Tab 选择具体存储路径。

如果用户不记得文档的具体存储路径，可通过按下 F3 键搜索文档，按下 F4 键切换到地址栏，如果在“另存为”或“打开”对话框中选中了某个文件夹，想返回上一级文件夹，可以按下 Backspace 退格键。确认完存储路径之后，切换到文件名编辑框，输入文件名，再切换到“保存”按钮按 Enter 键即可保存。保存类型下拉框一般不用处理，保存默认选项即可。（如图 6.2）

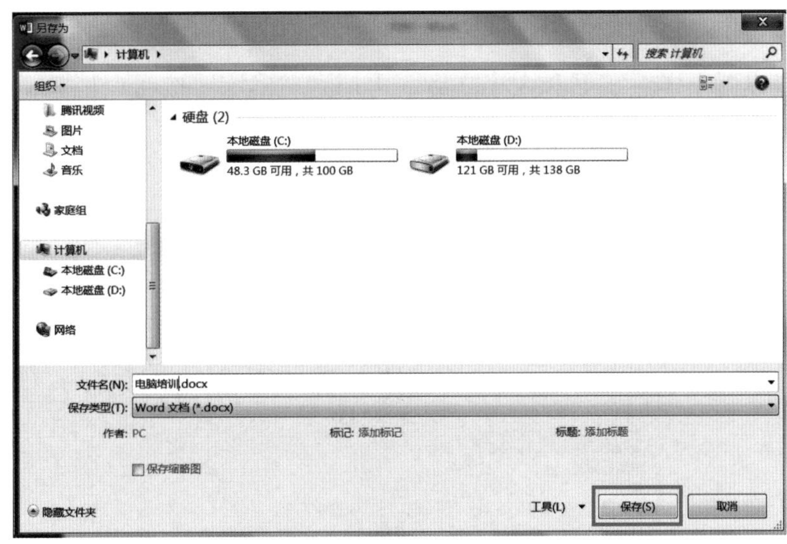

图 6.2

- 打开文档：保存完文档之后，可以通过菜单栏“文件”菜单“打开”子菜单或者 Ctrl+O 快捷键，在弹出的文件对话框中，选中文档，按下 Enter 键即可打开。
- 删除文档：打开计算机，打开相应的磁盘，找到对应的文档，按下 Delete 键即可。如果误删除，还可以通过桌

面的回收站找到文档，按下 Application 键，选中“恢复”菜单即可恢复误删的文档。

- 另存为：通过菜单栏“文件”菜单“另存为”子菜单，可将文档另存为另外一个目录，又可以使得之前文档的保存目录不变。即产生了两份文档，存在于不同的目录当中。

（5）格式化文档

记事本支持对字体、字形、大小进行设置，通过菜单栏的“格式”菜单，选中子菜单“字体”，系统会弹出字体设置对话框。用户可以设置字体、字形和大小之后，再切到“确定”按钮点击 Enter 即可。（如图 6.3）

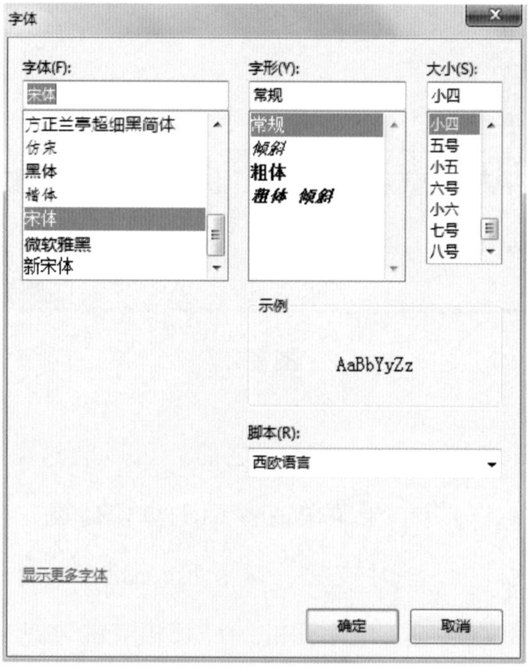

图 6.3

（6）编辑文档

“编辑”菜单中有“剪切”“复制”“查找”“粘贴”等功能，具体用法可参考 6.2 节。

6.2　Word 文档

Microsoft Office Word 是微软公司的一个文字处理器应用程序。Word 给用户提供了创建文档的工具，帮助用户节省时间，并得到优雅美观的结果。一直以来，Microsoft Office Word 都是最流行的文字处理程序。

（1）Word 的用途

您可以用 Word 编辑文字、图形、图像、声音、动画等，您可以用 Word 写日记、小说、请假条等各种文档，并将文字整理排版后保存存档。

（2）打开 Word 的方式

- 按下 Win 键，选择所有程序，查找到 Word 并按 Enter 键。
- 在桌面通过 Tab 找到 Word，并点击 Enter 键（只适用于已将 Word 放在桌面快捷方式）。
- 按下 Win 键，在搜索框输入 winword，点击 Enter 键，自动启动程序。

（3）Word 界面的基本介绍

本文关于 Word 的讲解基于 Office2010 版本。Word 工作区是空白文档，用于编写具体内容。

菜单栏分为“文件”“开始”“插入”“页面布局”“引用”等。

本节将主要介绍“文件”菜单的基本使用。

- “文件”菜单用于文件的新建、保存、打开等功能。
- “开始”菜单有剪贴板、字体、段落、样式和编辑五大功能区。主要用于格式化。
- “插入”菜单选项卡中有页、表格、插图、链接、页眉和页脚、文本和符号七大功能区。
- “页面布局”菜单用于设置页边距。
- “引用”菜单用于插入和更新目录。

按下 Alt 键或者 F10 键激活菜单栏，按左右方向键可以切换菜单，按下方向键可以进入子菜单，按上下左右键或者 Tab 键可以读取子菜单的内容，也可以根据提示的字母快捷键进入。如果已经进入了子菜单，要返回菜单栏，需要按 Shift+Tab 键返回。进入子菜单之后，按 Tab 可以切换到子菜单右边的窗格，按 Shift+Tab 键向后切换，子菜单的切换可以按 Ctrl+Tab 键向前，Ctrl+Shift+Tab 键向后。（如图 6.4）

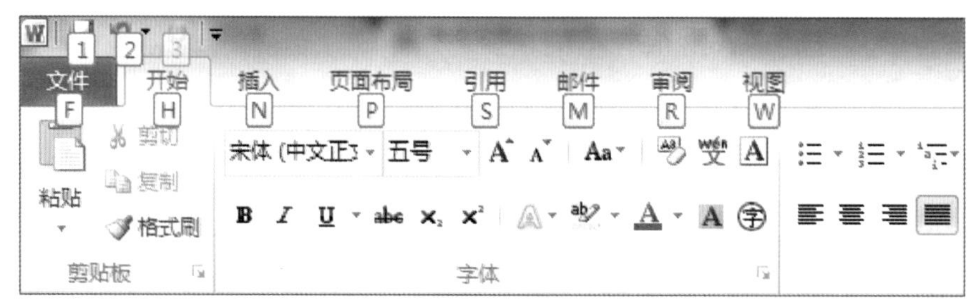

图 6.4

（4）创建、保存、打开、删除、另存为文件

- 创建文件：聚焦到菜单栏的“文件”按钮，通过上下键选中“新建”子菜单或者通过 Ctrl+N 快捷键即可新建一篇空白文档。
- 保存文件：在空白区域输入内容之后，通过菜单栏“文件”按钮的“保存”子菜单或者 Ctrl+S 快捷键即可保存。如果文件是第一次存储，Word 会弹出文件对话框。用 Tab 键操作读到计算机的时候，用上下方向键可选择具体磁盘，按 Enter 键再通过 Tab 键选择具体存储路径。

  按 F3 键搜索文件，按 F4 键切换到地址栏，按 Backspace 键，如果在“另存为”或“打开”对话框中选中了某个文件夹，则打开上一级文件夹。确认完存储路径之后，切换到文件名编辑框，输入文件名，再切换到“保存”按钮按 Enter 键即可保存。
- 打开文件：保存完文件之后，可以通过菜单栏“文件”菜单“打开”子菜单或者 Ctrl+O 快捷键，在弹出的文件对话框中，选中具体的文件，按下 Enter 键即可打开。（如图 6.5）
- 删除文件：打开计算机，打开相应的磁盘，找到对应的文件，按下 Delete 键即可。如果误删除，还可以通过桌面的回收站恢复文档。
- 另存为：通过菜单栏“文件”菜单“另存为”子菜单，可将文件另存为另外一个目录，又可以使得之前文件的保存目录不变。即产生了两份文件，存在于不同的目录当中。

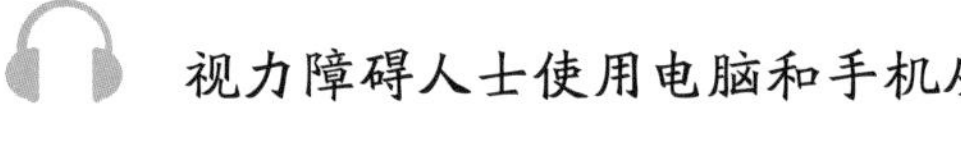

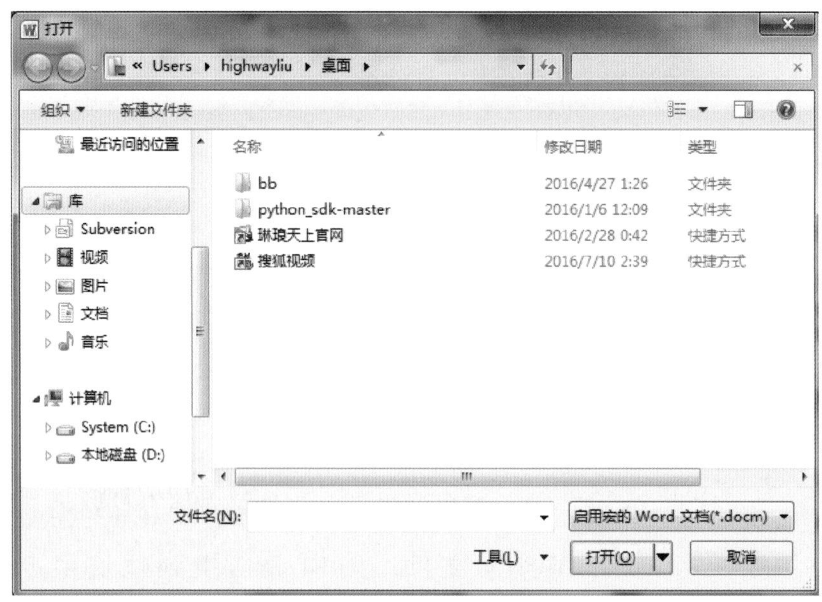

图 6.5

（5）格式化文档

常见的格式化操作是指对文字的字体、大小、加粗、斜体、下划线、对齐格式进行编辑。

首先，选中需要格式化的文字，如果是全选，可通过 Ctrl+A 键全部选中。如果只是部分文字，需要通过 Ctrl+Shift+ 方向键选择文字范围。格式化的操作可以通过开始菜单下的“文字”按钮进行格式化，也可以通过快捷键进行快速操作，还可以按下 Ctrl+D 键查看字体格式和设置格式。（如图 6.6）

操作快捷键如下：

Ctrl+B　　　加粗

Ctrl+I　　　斜体

Ctrl+U	下划线
Ctrl+W	关闭
Ctrl+Q	左对齐
Ctrl+E	居中
Ctrl+R	右对齐
Ctrl+Shift+>	放大字体
Ctrl+Shift+<	缩小字体

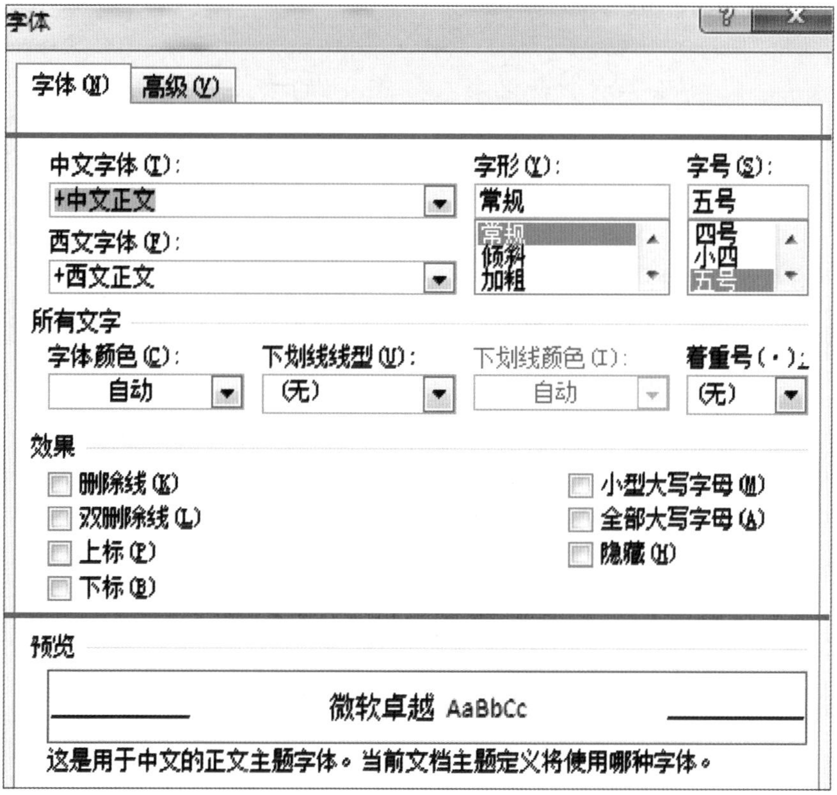

图 6.6

（6）剪切、复制、粘贴

为了减少相同文字的输入，我们可以通过剪切、复制、粘贴达到目的。剪切和复制的不同之处是剪切将文字直接搬运到新的文档，而复制则是保留原有的文字，再生成一份拷贝到新的文档。这几个操作的快捷键在其他应用软件也是通用的。请记住常用的快捷键组合：Ctrl+X 表示剪切，Ctrl+C 表示复制，Ctrl+V 表示粘贴。使用场景为剪切粘贴或者为复制粘贴。

课后作业

1. 学会两种打开记事本和 Word 的方式。

2. 练习文档的创建、命名、保存、剪切、复制、粘贴、删除等操作。

第 7 章　足不出户：天下事一网打尽

教学目标

- 学习使用浏览器上网常用操作。
- 学习搜索引擎、贴吧的使用。

网络的兴起，给人们的生活带来了翻天覆地的变化。网络上庞大的资料、全方位的资讯和极大的信息传输便利性，使得人们在网上浏览、工作、娱乐的时候，信息像海浪一样扑面而来，充满刺激、舒爽过瘾，上网就像冲浪一样，因此一直有“网上冲浪”的说法。互联网是了解世界的一个窗口，常用的浏览信息来源有很多种，用户可以借助以下几种方式来获取需要的信息。

第一种方法是浏览门户网站：主流门户网站一般都是综合性信息网站，可以满足用户的基本信息需求，举几个例子：

◎　腾讯网 http: //www.qq.com

◎　网易 http: //www.163.com

◎ 搜狐网 http: //www.sohu.com

◎ 百度新闻 http: //news.baidu.com/

第二种方法是搜索引擎：当用户想查询某一特定信息的时候，通常会借助搜索引擎来查找信息。通过搜索引擎可以在海量信息中快速查找到用户需要的信息，避免大海捞针。常用的搜索引擎如：

◎ 百度 http: //www.baidu.com

◎ 搜狗 http: //www.sogou.com

第三种是社交网站：社交网站是在线的交流平台，帮助有共同兴趣的人找到同伴，展开交流和互助。例如集邮爱好者，就可以借助贴吧、论坛（BBS）等新型话题类圈子来了解集邮领域的最新消息。

第四种是垂直领域类网站：垂直领域类网站是纵向分布，聚焦细分领域，深挖具体领域的内容，如财经、体育、健康、娱乐、科技、体育、军事、时尚、教育、文学等专题网站。

温馨小知识：

· 要听歌，找 QQ 音乐；有问题，问百度；想灌水，进论坛；关心时事政治，腾讯新闻欢迎你！

· 互联网的世界，只有你想不到，没有你找不到的！新世界的大门向你敞开！

7.1　浏览器介绍

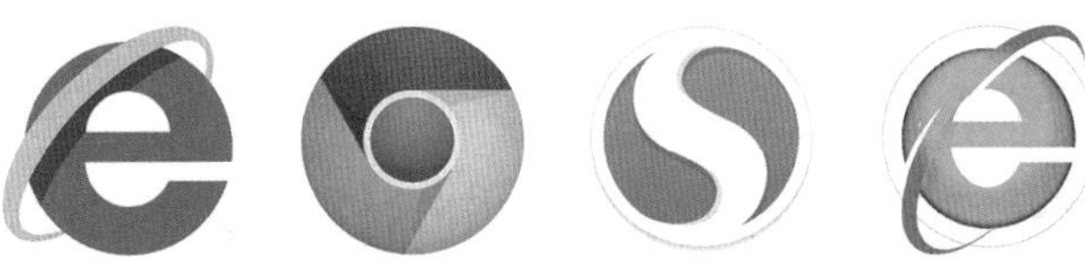

IE 浏览器　谷歌浏览器　搜狗浏览器　360 浏览器

图 7.1

（1）浏览器页面

在 PC 电脑上，我们浏览了解互联网信息，主要是通过浏览器。常见的浏览器主要是微软的 IE 浏览器，以及谷歌公司的 Chrome 浏览器，包括国内互联网公司的搜狗浏览器、360 安全浏览器等。下面我们将以 IE 浏览器为例介绍浏览器的页面，IE 页面一般分为：地址栏、标题栏、菜单栏、收藏夹栏、工作区、状态栏。（如图 7.2）

图 7.2

- 地址栏：地址栏是 IE 浏览器窗口的重要组成部分，用于输入要浏览的网页地址，在浏览网页时会显示当前页面的网页地址。
- 标题栏：标题栏用于显示当前打开的网页名称。
- 菜单栏：提供“文件”“编辑”“查看”“收藏夹”“工具”和“帮助”六个菜单项组成，用户对菜单栏进行操作时，可以按“Alt”键将其激活，用上下左右光标键盘，打开下拉菜单来进行操作。
- 收藏夹栏：收藏夹用于收藏用户浏览过的网页，免去记忆网址的麻烦。收藏夹栏分为收藏夹窗口和快速收藏夹两部分。单击左侧的“添加到收藏夹栏”按钮即可将网址收藏，单击右侧的快速收藏夹区域即可打开用户收藏的网站。
- 工作区：该区域是 IE 浏览器窗口最主要的组成部分，用于浏览当前网页的内容，包括文字、图像和影像等。
- 状态栏：位于 IE 浏览器的最底端，用于显示当前的状态，如下载进度和区域属性等状态信息。

（2）网址的构成

每个网址类似于我们的门牌号，网址通常分为三大部分（如图 7.3），以 www.baidu.com 为例，第一部分是 www，表示这是互联网协议，是固定不变的。第二部分 baidu 表示具体的域名，baidu 表示这是百度公司的域名，如果是 www.qq.com 则 qq 表示是腾讯公司的域名。第三部分表示的是顶级域名，如 com、cn、net 等。

特别提醒：当用户输入网址的时候，www 这部分可以忽略。

图 7.3

用户要访问网站就要在地址栏输入网址，以打开百度网址为例，操作方法如下：打开浏览器，按 Alt+D 键跳转到地址栏，然后在地址栏输入百度网址：http: //www.baidu.com，输完之后按 Enter 键打开，按小键盘的数字 8 即可读取到当前网页标题。用户可以直接在地址栏输入完整的地址，也可以在地址栏输入要搜索网站的关键字，如输入腾讯网，按 Enter 键，也可以在第一条搜索结果中找到需要的网址。当使用的网站足够多的时候，记不住网址怎么办？用户还可以通过导航网站快速找到网站。如 hao123（地址是 https: //www.hao123.com）等。

【延伸阅读】设置默认浏览器

打开 IE 浏览器，按 Alt 键唤醒工具栏，接着再用左右方向键找到“工具”菜单，按下方向键找到“Internet 选项”，按下 Enter 键即弹出对话框。(如图 7.4)

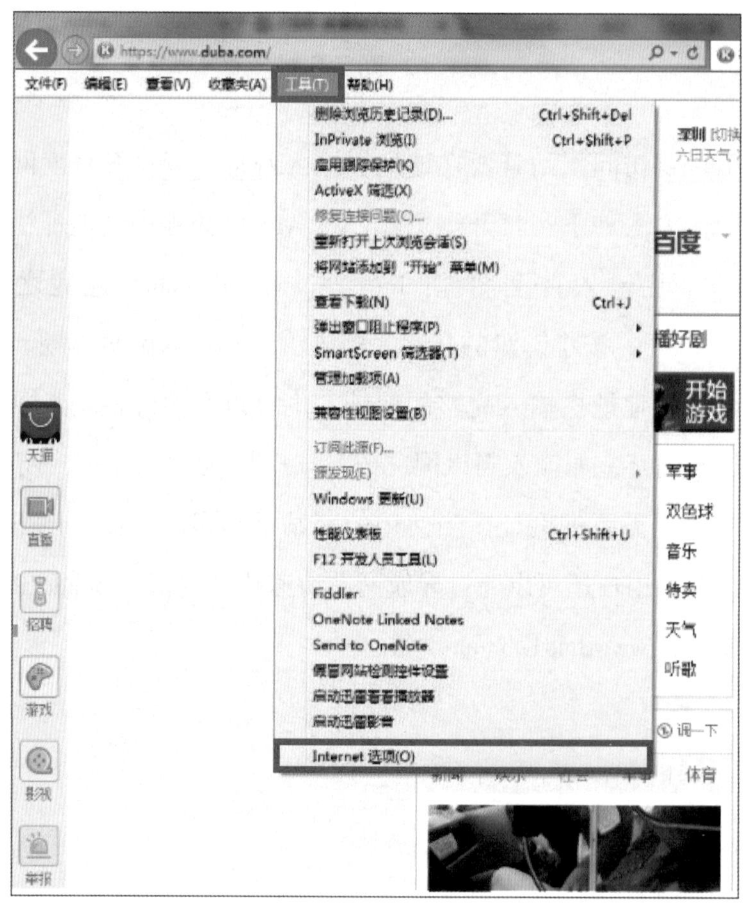

图 7.4

在对话框中，此时读屏软件读到“若要创建多个主页选项卡，请在每行输入一个地址，可编辑文本”，按下空格键，输入目标网址，如 https: //hao123.com，即设置 hao123 为默认主页，不停地按下 Tab 键，直到读到“应用”按钮，按下 Enter 键即设置成功。这样我们下次打开浏览器的时候，第一次打开的网址就是我们刚才设置的网址。（如图 7.5）

图 7.5

7.2 网页常用操作

浏览网页的主要快捷键是 Tab，它的方向操作是 Shift+Tab，常用的还有上下左右光标键。一个网页由很多元素组成，常见的网页元素有链接、文字、图片、视频、音频、按钮、单选按钮、复选框、编辑框等。其中除了正文是不可操作的，其他都是可操作的。对于按钮、单选按钮、复选框、编辑框这些网页元素，我们称之为网页控件。使用 Tab 键，我们就可以在上述各种元素之间切换。

（1）浏览网页的基本操作方式

- Tab 键导航方式：浏览网页最常用的一种方式。通过按下 Tab 键，焦点会在网页中的链接、按钮、单选按钮、复选框、组合框、编辑框等元素之间切换（纯文本内容除外），Shift 加 Tab 键可以反向切换，如果要在新窗口打开链接，可以用 Shift 加 Enter 键。
- 光标键导航方式：除了使用 Tab 键导航外，还可以使用光标键导航。通过上下左右光标键，原则上可以读取网页上的任一元素。
- 模拟鼠标导航方式：通过小键盘上的数字、加、减、斜杠、星号等按键模拟鼠标进行网页浏览，这种方式在网页浏览中比较少用。

温馨提醒：打开一个网页之后，争渡读屏会首先读出网页的标题，如果想重复查看网页标题，可以按下小键盘的数字 8 来听读。

（2）对网页元素的操作

- 链接：包括文字链接和图片链接等，通过 Tab 键或光标键可以把焦点切换至链接，读屏会读出这是一个链接，按下 Enter 键即可打开这个链接，即打开一个新页面。
- 纯文本内容：通过光标键可以把焦点切换至网页里的纯文本内容。如果无法直接操作，您可通过热键 ZDSR 加字母 C，将刚才听到的内容放入剪贴板。对于文本信息用 Tab 键是不能读取出来的，它本身是不可操作的，需要配合方向键进行读取。在争渡读屏软件下，我们可以用争渡键 +W，跳过一些可操作的元素如按钮、链接等，直接读取正文。
- 其他可操作元素（如图 7.6）：
  - ◎ 遇到按钮，如果需要单击，按空格键即可。
  - ◎ 遇到编辑框，Tab 键切到编辑框，直接输入文本。
  - ◎ 遇到复选框，用空格键进行选择操作：选中或者取消。
  - ◎ 遇到下拉框，使用上下光标键选择具体项目，按 Enter 键选中。
  - ◎ 遇到组合框，通过上下光标键选择具体的操作，按 Enter 键选中。

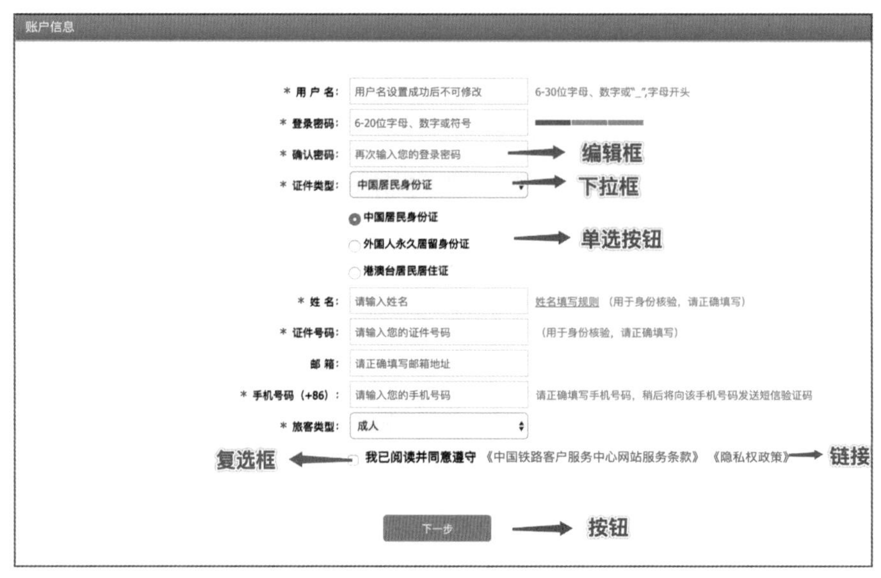

图 7.6

（3）浏览网页的模式

- 编辑模式：Tab 键导航时，默认为编辑模式，在编辑模式下可以对焦点元素进行编辑、修改等操作，但并不是所有的网页元素都支持编辑模式，只有少数的网页元素，如编辑框、组合框支持这种模式（复选框、单选框的选中无须进入编辑模式进行操作）。
- 浏览模式：光标键导航时，默认为浏览模式，在浏览模式下只能读取焦点元素的信息，不能对元素的内容进行修改。
- 两种模式转换：浏览模式下按空格键即可进入编辑模式，编辑模式下使用 ZDSR+ 空格键可切换为浏览模式。对网页的布局很熟悉的情况下建议使用浏览模式，可以提升访问效率。对于陌生的网页，建议使用编辑模式。

（4）按网页元素浏览

针对一些比较复杂的网页，使用键盘导航的方式浏览网页的效率有时会比较低，这时候可以按网页的元素进行浏览，以提高操作效率。按照网页元素浏览的意思是，如果我们需要将焦点跳转到网页中的某一类元素，只需要按下相应的热键。如在争渡读屏软件下，按下字母 K，焦点会跳转至网页中第一个链接，再按一次字母 K，焦点会跳转至网页中的第二个链接，以此类推。

（5）常用的热键介绍

- E　编辑框
- O　播放控件
- D　路标，即网页的区域，常见的网站分为导航区、主内容区、版权信息区等
- F　表单，主要是需要填写的内容如编辑框、选择框等
- G　图片
- H　标题，即网页中的区域中的文章标题
- J　跳转多个链接，默认跳转十个
- K　跳转一个链接
- X　复选框
- C　组合框
- B　按钮
- N　纯文本内容

温馨提醒：按网页元素浏览的热键详见附录 1。

7.3 搜索引擎介绍

搜索引擎是指根据一定的策略、运用特定的计算机程序从互联网上收集信息，在对信息进行组织和处理后，为用户提供检索服务，将用户检索相关的信息展示给用户的系统，帮助用户在茫茫的信息海洋中搜寻到所需要的信息。常见的搜索引擎有百度和搜狗。打开浏览器，输入网址，http: //www.baidu.com 就可以进入百度首页。或者输入网址 http: //www.sogou.com，就可以进入搜狗首页，页面的正中间是一个输入框，输入我们的搜索内容，按下 Enter 键，就会跳转到搜索结果页面。例如，在百度页面输入“南山图书馆”按下 Enter 键，就会搜索出来有关“南山图书馆”的相关信息的网站，在搜索结果中可以用 Tab 键找到我们想要的内容。(如图 7.7)

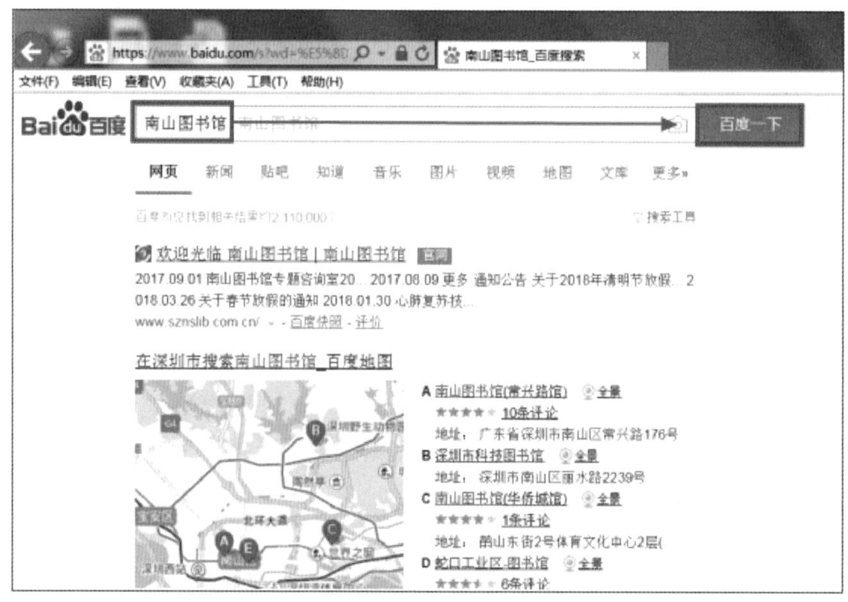

图 7.7

7.4　百度贴吧介绍

百度贴吧，是百度旗下独立品牌，全球最大的中文社区。贴吧的创意来自百度首席执行官李彦宏：结合搜索引擎建立一个在线的交流平台，让那些对同一个话题感兴趣的人聚集在一起，方便地展开交流和互相帮助。贴吧是一种基于关键词的主题交流社区，为用户提供一个表达和交流思想的自由网络空间，并以此会集志同道合的网友。（如图 7.8）

图 7.8

(1) 找到贴吧

贴吧的网址是 http: //tieba.baidu.com，在顶部搜索框输入你感兴趣的方向的关键字。找到“进入贴吧”按钮，按 Enter 键即可进入贴吧的详细页面。

（2）加入贴吧

进入贴吧的详细介绍页之后，在页面不断按 Tab 键切换，直到读取到“关注”按钮，聚焦到“关注”按钮，按空格键，即可进入贴吧。

（3）浏览帖子

在贴吧的详细页面按 Tab 键，可以读取到最新的帖子的标题以及发帖人和发帖时间，按 Enter 键可以进入帖子的具体内容页，具体内容页再用 Tab 键搜索可以读取到网友的最新回复。

（4）回复帖子

在帖子具体内容页，在浏览模式下使用 E 热键读取到输入框，或者聚焦读到“发表回复链接”，再切换到输入框，输入完成之后聚焦到“发表”链接，按 Enter 键即可发表。（如图 7.9）

发表新贴

第一步:输入标题

第二步:输入内容

发表

第三步:选中发表按钮并回车

图 7.9

7.5　PC 秘书电脑软件

PC 秘书是一个让娱乐办公一体化的综合性软件，目前涵盖办公、休闲娱乐、搜索查询、系统工具、各类助手等各大方面模块（多达数百项功能）。让用户随时了解各类新闻、收听广播 / 收看电视、欣赏歌曲电影、阅读 / 收听小说故事、玩棋牌游戏、查阅资料等一应俱全。

- 用户注册和登录：下图是 PC 秘书注册用户的登录入口。该面板提供了合法用户的登录、注册会员、查用户名、重置密码、改机器码等功能。（如图 7.10）

图 7.10

◎　注册会员

按 Tab 键单击（注意：下面描述的单击操作均为使用 Tab 键浏览后使用 Enter 键单击）“注册会员”按钮进入用户注册面板。

用 Tab 键依次浏览，按照提示信息认真填写即可，个人资料可默认不填。

密保问题及答案切莫随意输入，日后将作为持有者的唯一凭证。

◎　用户登录

输入用户名和密码后单击“登录”按钮听到提示音即表示登录成功。

若选中自动登录复选框则下次启动 PC 秘书时将不会显示该登录窗口。

◎　查用户名

单击“查用户名”按钮即可以本机机器码查询已注册的用户名。

◎　重置密码

单击“重置密码”按钮输入您注册的用户名即可进入重置密码面板。

进入后凭借着提供的密保问题填写密保答案，输入新密码及确认密码即可重置成功。

◎　改机器码

单击“改机器码”按钮输入您注册的用户名确认即可进入改机器码面板。

输入您注册的登录用户名、登录密码、密保答案及需要绑定的新机器码。

单击“确认”按钮提交，阅读确认信息同意后再次单击“确认”按钮即可更改。

需注意：更改机器码次数限制为三次，一旦超过将无法继续，续费后可还原三次。

直接按下 F12 键即可拷贝本机机器码。

主程序操作说明和功能键

用户注册登录成功后会进入软件的主页面，页面以竖式列表展示。可以使用上下左右方向键结合操作。

软件常用的功能键有：

Ctrl+`	退出 PC 秘书。
Ctrl+Shift+`	启动 PC 秘书。
Shift+Esc	打开秘书功能表（展示 PC 秘书的全部功能），鼠标左键单击右下角图标同样可以打开秘书功能表。
Esc	单键强制终止当前连接。
F1	任意内置窗口下及时帮助。
Win+ 空格	停止当前语音朗读。
Win+Alt+ 空格	暂停 / 继续语音朗读。
Win+Alt+ 左光标	语音朗读最前一行内容。
Win+Alt+ 上光标	语音朗读上一行内容。
Win+Alt+ 下光标	语音朗读下一行内容。
Win+Alt+ 右光标	语音朗读最后一行内容。
Win+Alt+C 拷贝	当前语音朗读缓冲信息。
Ctrl+Win+Alt+ 空格	打开用户登录面板。

软件常用功能介绍

◎ 百度专栏

在主页面使用上下方向键浏览到百度专栏，按右方向键展开百度专栏列表，可以听到列表里包括百度百科、百度经验、百度知道等六个项目。按 Enter 键点开任意一个项目，以百度百科为例，点开百度百科后，使用 Tab 键浏览页面的布局，在页面里用 Tab 键依次可以听到关键词可编辑文本、进入、搜索三个项目，用 Tab 键切到关键词可编辑文本选项后，直接输入需要搜索的内容，按 Enter 键展开搜索列表，用上下方向键浏览列表，用 Enter 键打开任意一条内容，软件会自动朗读文本内容，上下方向键逐行浏览，左右方向键逐字浏览，按 Alt+F4 键关闭文本框。关闭返回到搜索列表，按 Esc 键返回上一层列表。

百度专栏下六个项目均遵循上述操作方法。

◎ 社交平台

在主页面使用上下方向键浏览到社交平台，按右方向键展开社交平台列表，可以听到列表里包括爱盲论坛、争渡论坛、新浪微博、天涯社区等十个项目。我们常用的也是上述四个项目，以爱盲论坛为例，爱盲论坛是国内知名的盲人大型社区论坛。网址 http: //bbs.amhl.net/。

上下方向键浏览到爱盲论坛，按 Enter 键打开爱盲论坛页面，使用 Tab 键依次浏览页面里所有选项，根据读屏软件给出的提示进行相应的操作。在爱盲论坛选项里主要的快捷键有：

Alt+D　　登录

Alt+F　　发表新帖

Alt+H　　回复帖子

Alt+K　　搜索关键词编辑框

Alt+S　　搜索按钮

Alt+B　　选择板块

Alt+L　　选择板块后浏览该板块的帖子

在爱盲论坛项目页面内，按 Alt+B 键听到提示选择板块，使用上下方向键选择想要的板块。例如，听到宽心聊吧这个板块后，按 Alt+L 键在宽心聊吧这个板块内浏览帖子。在宽心聊吧板块中，按上下方向键浏览帖子，按 Enter 键进入对应的帖子。打开帖子后，出现的是帖子楼层的列表，按 Alt+H 键对帖子进行回复，按 Alt+H 键会弹出回复帖子的窗口，直接编辑回复内容即可，按 Ctrl+Enter 键确认回复。回复后可以用上下方向键听取自己回复的楼层，回复的楼层在页面的最后一条。

争渡论坛：争渡论坛是国内知名读屏开发商旗下的盲人社区论坛。网址 http: //www.zd.hk/。

页面布局和操作方式与爱盲论坛完全一致。

天涯社区：天涯社区自 1999 年 3 月 1 日创立以来，以其开放、包容、充满人文关怀的特色受到了海内外网民的推崇。经过十余年的发展，已经成为以论坛、博客、微博为基础交流方式，综合提供个人空间、企业空间、购物街、无线客户端、分类信息、来吧、问答等一系列功能服务，并以人文情感为特色的综合性虚拟社区和大型网络社交平台。网址 http: //bbs.tianya.cn/。

页面布局和操作方式与爱盲论坛完全一致。

◎ 文字阅读

阅读是视障朋友日常生活中主要的娱乐方式之一，以听小说和新闻资讯为主，上下方向键浏览到文字阅读，左右方向键展开文字阅读，主要使用天空书吧和新闻快讯两个项目。

天空书吧：上下方向键找到天空书吧按 Enter 键打开，用 Tab 键依次浏览页面的布局，在搜索框内输入书名后，按 Enter 键进行搜索。软件会自动在指定的站点内搜索，软件会响起一段音乐表示正在搜索，音乐结束后会展示搜索后的列表。上下方向键选择书名，按 Enter 键打开对应的书籍，出现的是章节的列表，上下方向键选择章节按 Enter 键打开，打开具体的章节，软件会自动朗读章节内的内容，上下方向键朗读每一行，左右方向键逐字朗读。Esc 键返回上一层。

新闻快讯：上下方向键找到新闻快讯按 Enter 键打开，会听到新闻的列表，使用 Tab 键依次浏览页面功能。按一下 Tab 键听到站点组合框，使用上下方向键选择站点，继续按 Tab 键听到分类，使用上下方向键选择分类，继续按 Tab 键听到浏览按 Enter 键浏览列表，也可以使用 Alt+L 快捷键浏览列表。可以继续按 Tab 键听到可编辑文本搜索关键词，在编辑框里输入想要搜索的内容按 Enter 键搜索。在新闻列表里上下方向键选择新闻内容，按 Enter 键打开，Esc 键返回上一层。

◎　影音媒体

听音乐、收音机、有声读物、视频占据了视障朋友大部分的娱乐时间。用上下方向键找到影音媒体，右方向键展开列表，视障朋友经常使用的有酷乐天空（听音乐）、酷影天空（看视频）、天空听吧（听有声读物、评书等）、网络收音机、企鹅 FM、蜻蜓收音机等第三方听书软件。

酷乐天空：上下方向键找到酷乐天空按 Enter 键打开，用 Tab 键依次浏览页面功能。用 Tab 键选择搜索关键词编辑框，输入歌名或者歌手按 Enter 键打开，在歌曲列表中选择想要的歌曲按 Enter 键播放。在歌曲播放过程中可以使用 Ctrl+ 上下方向键增减音量，Ctrl+ 左右方向键快进快退，Ctrl+Home 键暂停播放，再按 Ctrl+Home 键继续播放，按 Ctrl+End 键停止播放，再按 Ctrl+End 键重新播放。如果按 Enter 键播放长时间无响应，说明站点内没有播放资源，需要切换站点，在酷乐天空页面内使用 Tab 键切到请选择站点选项，上下方向键切换站点，按 Enter 键在此站点内搜索资源。

酷影天空：界面与酷乐天空相同，操作方式一致，搜索出的视频会通过网页的方式播放。

天空听吧：界面与酷乐天空相同，操作方式一致。

网络收音机：上下方向键找到网络收音机按 Enter 键打开，会出现一个竖式列表展示各省（或市）的电台，上下方向键选择任意一个省（或市），按右方向键展开省（或市）电台列表，按 Enter 键收听，按 Esc 键返回上一层。

企鹅 FM：上下方向键找到企鹅 FM 按 Enter 键打开，用 Tab 键依次浏览页面布局。界面与酷乐天空相同，操作方式一致，搜索出的音频按 Enter 键播放。

课后作业

1. 打开 IE 浏览器，在地址栏输入腾讯网址：http: //www.qq.com，看看能获得什么资讯。

2. 使用百度搜索引擎：https: //www.baidu.com/，百度一下。

第 8 章　网上沟通：QQ 和邮件

教学目标

◆ 了解 QQ 的作用，学习 QQ 的注册和使用操作，实现网上沟通无障碍。

◆ 学习网易和 QQ 邮箱的使用，帮助用户轻松收发电子邮件。

8.1　网上聊天：QQ

QQ 和微信是目前最受国人欢迎且使用人数最多的两款社交软件，都是由腾讯公司开发的。通过使用该软件，可与亲人、好友、同事进行线上沟通、在线互动、文件和图片的传输等。这两款软件均针对视障人士做了无障碍优化尝试，对视障用户友好，视障用户使用电脑端 QQ，需同时打开读屏软件，即可轻松进行操作。

本章将介绍 QQ 各常用功能的使用方法，学习注册和登录账号、与好友进行聊天、传送文件和图片等基础的沟通与常用功能的操作。

（1）注册 QQ 账号

通过读屏软件，用键盘上的 Tab 键和光标键找到 QQ，按 Enter 键打开软件，在登录页面找到“注册账号”按钮，按 Enter 键进入注册页面。根据注册要求键入“昵称、密码、手机号码”，找到“发送短信验证码”按钮并按 Enter 键，将手机上收到的验证码键入输入框中。找到“立即注册”按钮并按 Enter 键提交注册信息，完成注册流程，系统会自动为用户分配一个 QQ 号。（如图 8.1–8.4）

图 8.1

欢迎注册QQ

每一天，乐在沟通。　免费靓号

昵称

密码

+86　手机号码

可通过该手机号找回密码

立即注册

图 8.2

请发送短信帮助我们确认你的身份

编辑短信：**1**

发送至：**1069 0700 511**

除运营商收取的标准短信费用外，无额外费用。

我已发送短信，下一步

图 8.3

图 8.4

温馨提醒：用户要记得自己的 QQ 账号和登录密码，也可用注册时使用的手机号码进行登录。

（2）登录 QQ 账号

按 Win+D 键让焦点回到桌面，用键盘上的 Tab 键或光标键找到 QQ，按 Enter 键打开软件，输入账号和密码，按 Tab 键找到“安全登录”按钮并按 Enter 键登录，即进入 QQ 主面板。（如图 8.5）

图 8.5

（3）添加好友

- 在 QQ 主面板中，用 Tab 键和光标键找到“+ 加好友”按钮，按 Enter 键打开“查找”窗口。（如图 8.6）
- 找到 QQ 账号输入栏，键入好友 QQ 账号，再找到“查找”按钮，按 Enter 键打开，进行查找。（如图 8.7）
- 在弹出的搜索列表中，找到“+ 好友”按钮，按 Enter 键打开，进行添加。

图 8.6

图 8.7

- 如弹出“验证信息”窗口，则在输入框输入自己的姓名或昵称，找到“下一步”按钮，按 Enter 键。（如图 8.8）
- 在“备注姓名”输入框输入对方的姓名或昵称，找到“下一步”按钮，按 Enter 键完成操作。（如图 8.9）
- 好友添加请求已成功发送出去，只要等待对方确认添加即可。（如图 8.10）

图 8.8

图 8.9

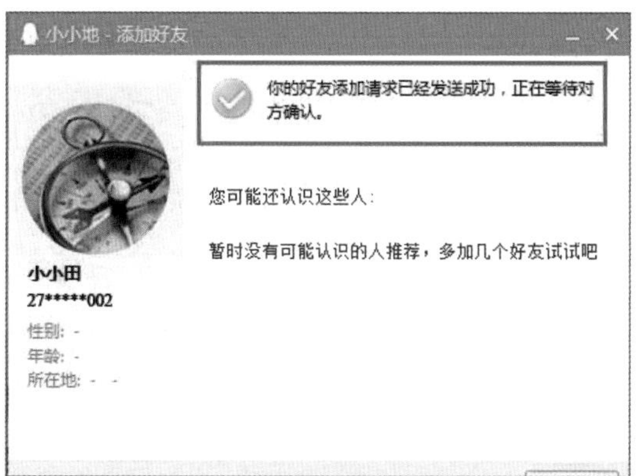
小小地 - 添加好友
你的好友添加请求已经发送成功，正在等待对方确认。
您可能还认识这些人：
暂时没有可能认识的人推荐，多加几个好友试试吧
小小田
27*****002
性别：-
年龄：-
所在地：- -

图 8.10

（4）查找好友

用户想要找某个好友进行对话时，可在 QQ 主面板使用搜索方式找到该好友。具体操作如下：通过 Tab 键和光标键找到“搜索栏”，键入好友账号、昵称或备注名，按 Enter 键进行搜索，查找到好友后，然后按 Enter 键打开 QQ 对话框。（如图 8.11）

图 8.11

（5）与好友进行在线交流

- 发送文本信息：打开与好友对话的窗口后，在输入框中，通过键盘键入想要发给好友的内容后，同时按住“Ctrl+Enter”键发送信息。（如图 8.12）

图 8.12

- 发送图片：通过 Tab 操作聚焦到“字体选择工具栏”按钮，这时候光标聚焦在聊天工具栏，通过左右方向键操作可以读取到“选择表情”按钮、“向好友发送窗口抖动”按钮、向好友发送语音消息”按钮、“多功能辅助输入”按钮、“发送图片”按钮、“点歌”按钮、“捕捉屏幕 Ctrl+Alt+Delete 拆分”按钮、“发红包”按钮，例如聚焦到“发送图片”按钮，按 Enter 键即弹出文件查找对话框，选中图片，聚焦到“打开”按钮，按 Enter 键即把图片选中到聊天输入框，按下 Ctrl+Enter 键，即可把图片发送出去。（如图 8.13）

图 8.13

- 发送表情：打开与好友对话的窗口，在输入框中输入“/”斜杠符号或除以符号，将弹出表情列表，用光标键进行选择，然后按 Enter 键进行发送。

图 8.14

发送文件：用户可向好友发送 Word、Txt、Excel 等类型的文件。通过 Tab 键和光标键找到“发送文件”按钮，按 Enter 键打开，在弹出的“文件查找框”里，通过 Tab 键、光标键和 Enter 键，定位到所要发送的文件，按 Enter 键，选中该文件，再按 Enter 键进行发送。（如图 8.15）

图 8.15

与好友进行语音通话：通过 Tab 键和光标键找到“发起语音通话”按钮，按 Enter 键，进入语音通话；如需取消通话，通过 Tab 键和光标键，定位到“取消”按钮，按 Enter 键进行取消。（如图 8.16）

图 8.16

撤回 2 分钟内所发的消息：通过 Tab 键、光标键和 Enter 键找到“字体选择工具栏”，并找到“文本模式”按钮，按 Enter 键，把聊天信息框的显示样式改成“文本模式”。再通过 Tab 键和光标键，定位到需要撤回的消息处，然后在键盘上按鼠标右键快捷键（一般在右侧 Alt 键的旁边），再用光标键定位到“撤回消息”按钮，按 Enter 键执行撤回操作。用户可撤回的消息包括文字、表情、图片、文件。（如图 8.17）

图 8.17

* 同理，也可以进行转发、收藏、删除等操作。

发起多人聊天：通过 Tab 键和光标键找到“发起多人聊天”按钮，按 Enter 键打开。在好友列表中，通过 Tab 键和上下光标键找到想要的好友，也可在搜索框键入好友昵称，按 Enter 键选定，再按 Enter 键即可。（如图 8.18）

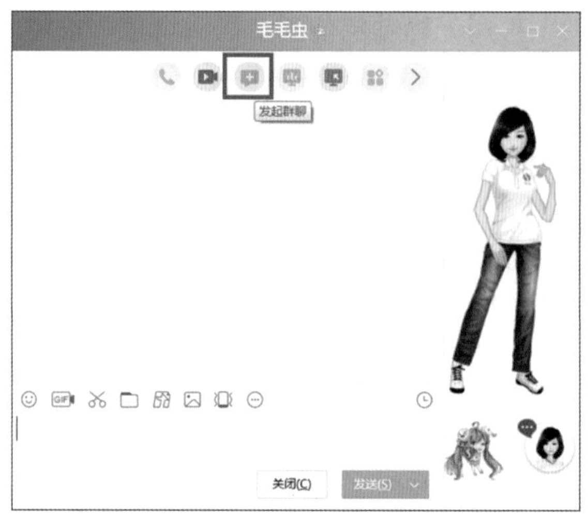

图 8.18

删除好友：在 QQ 主面板，通过 Tab 键和光标键找到需要删除的好友账号，按鼠标右键快捷键，用光标键定位到“删除好友”按钮，按 Enter 键，然后使用 Tab 键，选中“确定”按钮，按 Enter 键即可删除好友。（如图 8.19）

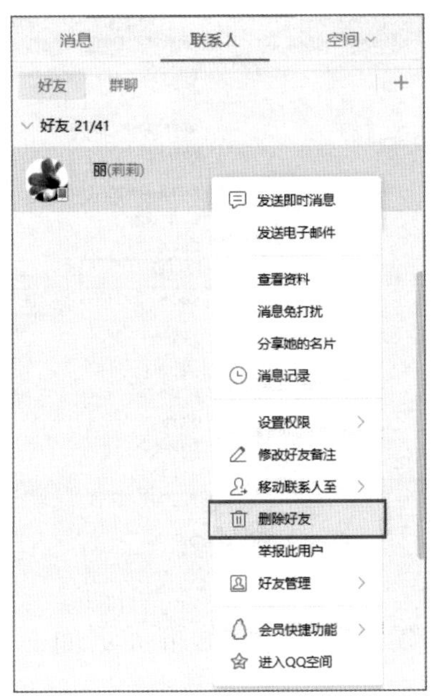

图 8.19

（6）QQ 群消息设置

当用户加入的 QQ 群越来越多的时候，信息提示音会响个不停，给用户造成困扰，这时候用户就需要用到“群消息设置“功能，用户可以根据不同的需求，通过“群消息设置”改变 QQ 群的消息接收和提醒方式，尽量减少信息提示音的打扰。

电脑端设置：打开 QQ 群聊页面，用 Tab 键找到“设置”，用下光标键找到“群消息设置”，右光标键进入下级菜单，分别有“接收消息并提醒”“接收消息但不提醒”“收进群助手且不提醒”“屏蔽群消息”“屏蔽群内图片”5 个选项可供选择，除了“接收消息并提醒”之外，其他菜单选项都不会收到该群的新消息提醒音。（如图 8.20）

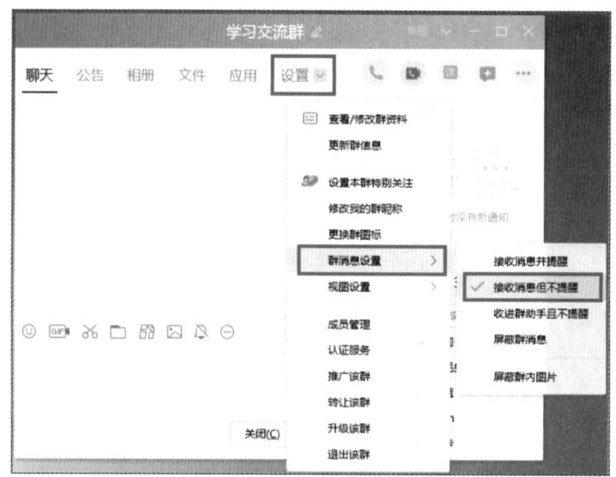

图 8.20

- 手机端设置：进入 QQ 群聊天页面，点击右上角的“群聊设置”标志，进入聊天信息设置菜单页面。找到“消息免打扰”选项，打开“消息免打扰”（向右滑动即为打开）。（如图 8.21）

＊打开“消息免打扰”后，电脑端的消息提醒方式和手机端是同步的。即手机端不接收新消息提醒，电脑端也不会接收新消息提醒。

图 8.21

温馨提醒：手机端 QQ 的各种操作方式，和电脑端 QQ 相似，用户可举一反三进行练习操作，鼓励用户在电脑端 QQ 的基础上自学手机端 QQ 操作。

8.2　收发电子邮件

8.2.1　QQ 邮件

QQ 邮箱是与 QQ 账号绑定的，已有 QQ 账号只需激活即可获得 QQ 邮箱账号。使用 QQ 邮箱的优势是与 QQ 聊天软件绑定，可以在 QQ 上及时获得新邮件通知。

本节不再赘述注册 QQ 账号的方法，请参考 8.1。

注意：电脑点击操作均为使用 Tab 浏览后按 Enter 键，即为点击。

👉 在电脑上激活 QQ 邮箱

◎ 访问 http: //m.mail.qq.com 进入 QQ 邮箱，使用 Ctrl+D 键将此网址添加到收藏夹；

◎ 按照界面指引，单击“激活”按钮，激活 QQ 邮箱。

👉 在电脑上使用 QQ 邮箱收发邮件

◎ 访问 http: //m.mail.qq.com 进入 QQ 邮箱，使用 Ctrl+D 键将此网址添加到收藏夹；

◎ 使用 Tab 键导航至“收件箱”；

◎ 使用箭头上下，可以在邮件列表进行上下导航，按 Enter 键可以进入查看此邮件；

◎ 使用 Tab 键导航至“写信”按钮，按下进入写信界面。（如图 8.22）

图 8.22

8.2.2　网易邮件

网易是免费邮箱的先驱者，很多人收发邮件都使用网易邮箱，一些邮箱设置可以更好地方便我们工作。邮件多的时候，想要找到与某人的邮件来往记录不太方便。本节就介绍一下怎样使用网易邮箱查看邮件往来。

（1）在电脑上注册网易邮箱账号

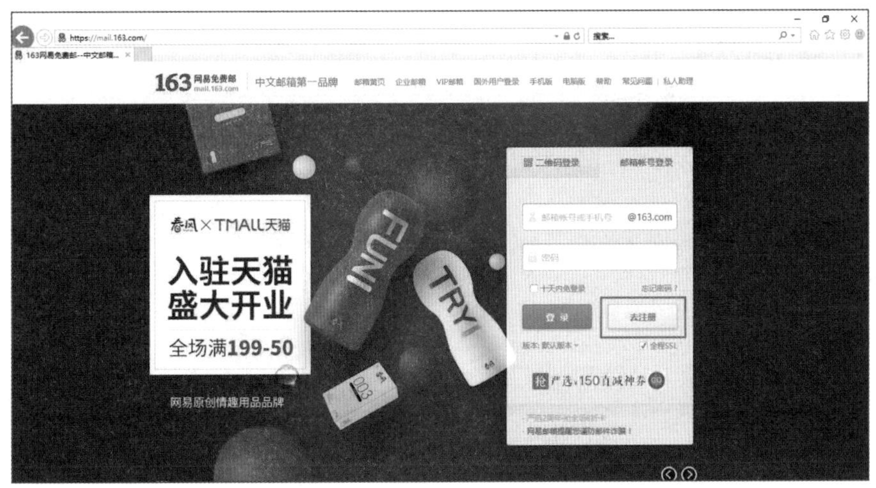

图 8.23

- 访问网易邮箱 https: //mail.163.com/，使用 Tab 键定位到“去注册”按钮，按下 Enter 键，进入注册页面；（如图 8.23）
- 邮箱注册页面有三种注册方式：注册字母邮箱、注册手机号码邮箱、注册 VIP 邮箱。

注册字母邮箱和注册手机号码邮箱是免费的，只需要填入一个未被注册的名字或手机号即可。

VIP 邮箱是按月收费的，每月 30 元。

这里以注册字母邮箱为例介绍相关操作。

- 按照注册表单要求依次填入注册信息；最后完成注册。（如图 8.24）

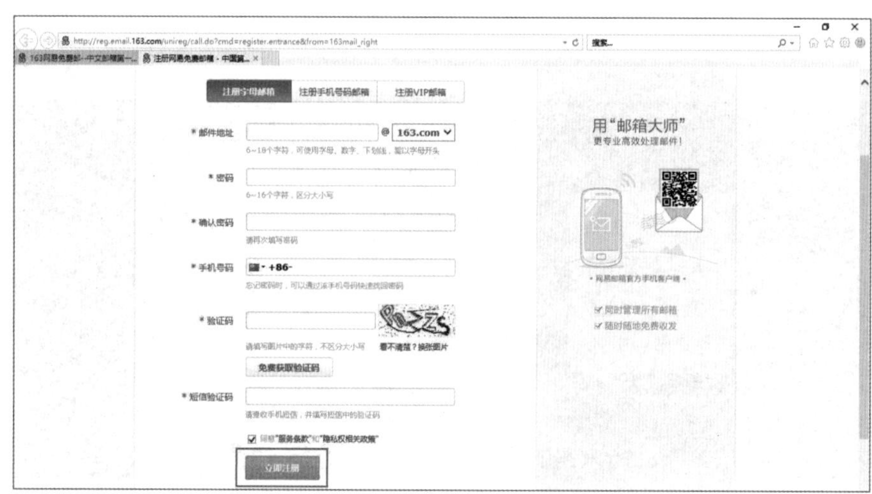

图 8.24

在电脑上使用网易邮箱账号

- 访问 http: //mail.163.com 进入网易邮箱，为了以后能够方便进入网易邮箱，我们可以将这个网址加入浏览器收藏夹，一般加入浏览器收藏夹的快捷键是 Ctrl+D；
- 登录邮箱成功后，可以按 Tab 键，导航至“收件箱”，按下 Enter 键确认进入收藏夹；

另外，可以使用快捷键完成此操作，先按下 G 键，再按下 I 键，即可快速进入“收件箱”；

- 继续使用 Tab 键，可以导航至收件箱列表，在需要打开的邮件标题上，按 Enter 键可以打开此邮件；
- 如果需要回复此邮件，使用 Shift+R 键即可进入回复邮件的操作界面。（如图 8.25）

图 8.25

（2）网易邮箱常用的快捷键

- 快速跳转

G 然后 I：转到“收件箱”

G 然后 D：转到“草稿箱”

G 然后 T：转到“已发送”

G 然后 C：转到“通讯录”

选择列表

* 然后 A：选择所有邮件

* 然后 N：取消选择所有邮件

* 然后 R：选择已读邮件

* 然后 U：选择未读邮件

应用程序

Shift+C：新建写信

Ctrl+S：保存草稿

/：聚焦到搜索框

?：显示快捷键帮助

Shift+M：检查新邮件

操作

Shift+R：回复

Shift+A：回复所有

Shift+F：转发

Shift+I：标记为已读

Shift+U：标记为未读

Shift+D：删除邮件

[：上一封

]：下一封

课后作业

1. 注册一个 QQ 号，并给自己取一个喜欢的名字，把你的同学加为好友。

2. 使用 QQ 邮箱，发一封问候邮件给你的好友，可自我介绍，说明自己的近况。

3. 使用网易邮箱，给老师的邮箱发一封电子邮件，写一下自己的学习心得。

第9章　智能手机：读屏和手势操作

教学目标

- 了解手机读屏的作用。
- 学习智能手机操作方法。

手机读屏软件和电脑读屏软件一样，都是专为视障人士设计的屏幕朗读软件。手机读屏能为视障用户提供语言辅助，让视障用户可以非常方便地与他们的设备进行有效的互动。目前，国内常用的手机读屏软件有安卓系统自带的 TalkBack 和苹果系统的旁白（旧版本是 VoiceOver）。安卓系统使用的读屏软件还有保益悦听、永德、点明等。下面将以安卓系统自带的 TalkBack 和苹果 iOS 系统的 VoiceOver 为例进行操作说明。（如图 9.1）

9.1　安卓系统的 TalkBack

图 9.1

当使用安卓系统自带的程序时，TalkBack 会实时提供语言反馈。TalkBack 模式开启以后，用户单击手机屏幕的任何地方都会有震动的反馈，如果是命令行还会有语音提示，双击是启动该程序。有些品牌的手机中的安卓系统已经自带 TalkBack（如华为和小米），无须安装即可使用。但有些品牌的智能手机，可能需要先安装 TalkBack 和语音库才能使用。

开启 TalkBack 操作方法：打开设置 > 辅助功能点按 TalkBack，此时屏幕右上角有一开关，将 TalkBack 打开，弹出一对话框，询问是否开启 TalkBack，点按确定，就会听到有语音功能的提示，同时会有个辅助功能教程弹出，供初学者学习。若要关闭 TalkBack，触摸到右上角开关按钮，在屏幕任意位置单指快速双击，将右上角的开关关闭。

TalkBack 的操作指法：

- 单指向下快速划动：切换至下一个焦点。
- 单指快速向上划动：切换至上一个焦点。
- 触摸到可选项目后，单指快速双击，操作方法类似于电脑鼠标双击：打开当前应用。
- 触摸到可选项目后，单指双击并长按：类似于触屏机长按。
- 双指微微分开，两指指腹触摸到屏幕，快速左划，向后翻一页。
- 双指微微分开，两指指腹触摸到屏幕，快速右划，向前翻一页。
- 双指微微分开，两指指腹触摸到屏幕，快速上划，向上滚屏。
- 双指微微分开，两指指腹触摸到屏幕，快速下划，向下滚屏。
- 双指微微分开，两指指腹触摸到屏幕，向上推动，屏幕向上拖动。
- 双指微微分开，两指指腹触摸到屏幕，向下推动，屏幕向下拖动。

9.2　苹果系统的旁白

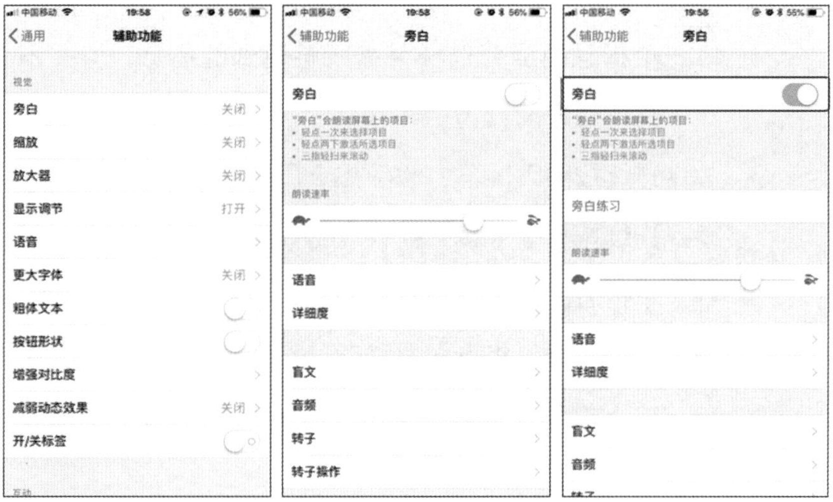

图 9.2

旁白（旧版本是 VoiceOver）是苹果系统自带的语音读屏功能，用户只需要在手机设置里打开该功能就可以使用了。首先找到 iPhone 上的“设置”图标，点按打开，找到“通用”选项，点按打开。用手指向上滑动，找到“辅助功能”选项，点按打开，然后点按“旁白”进入后把“旁白”右边的按钮向右滑动打开该功能，打开以后触摸屏幕任意地方，就会听到“旁白”的语音朗读了，有新消息和通知的时候，也会被自动朗读出来。（如图 9.12）

 温馨提醒：

• iOS12 及之前的系统，旁白开启路径：设置 > 通用 > 辅助功能 > 旁白。

• iOS13 及之后的系统，旁白开启路径：设置 > 辅助功能 > 旁白。

旁白/VoiceOver 的操作指法：

单指

◎ 单指触摸屏幕选择手指所触摸到的焦点，但并不会执行触发的行为。

◎ 连续按两下屏幕，激活焦点所在处。

◎ 连续按三下屏幕，执行双击并长按的操作。

◎ 单指右滑，焦点向右移动。

◎ 单指左滑，焦点向左移动。

◎ 向下滑动，在转子模式下，对所选的转子功能进行操作。

◎ 向上滑动，在转子模式下，对所选的转子功能进行操作。

◎ 单指双击按住不放，包括的作用有：对图标进行拖动编辑，呼出本地的控制中心以及通知中心，第三方软件个别特殊按钮进行操作，删除所安装软件。

双指

◎ 双指按屏幕一下，暂停语音朗读。

◎ 双指连续按屏幕两下，包括的作用有：接听或挂断电话，播放或暂停音乐，播放或暂停视屏，语音备忘录的开始或暂停，对秒表开始或停止，拍照等。

◎ 双指连续按屏幕三下，项目选取器，类似快速定位，用户可以快速找到想要的软件或内容，同时也可以进行搜索。

◎ 双指上推，旁白 /VoiceOver 会从屏幕顶端开始朗读。

◎ 双指下滑，从焦点所在处开始朗读。

◎ 双指连续按两下并且按住按钮，该手势可针对第三方软件，遇到无命名按钮或是标签的时候，可以给按钮等添加文字描述。

◎ 两根手指同时放于屏幕内，然后执行旋转操作，就好比在拧螺丝一样，对转子选项进行操作，左右都可以旋转。

◎ 两根手指同时在屏幕内，向外展开，进行文本的选择，如需要拷贝一篇文章，可以把整篇文章选中以后进行拷贝。

三指

◎ 三指按一下屏幕，朗读页码或是行数，就是告知现在焦点在第几页、第几行，当选中一段文字时，还能重复朗读选中的文字。

◎ 三指连续按两下屏幕，切换语音开关。注意这是停止语音的朗读模式，但并不是退出旁白 /VoiceOver，操作手机依然是旁白 /VoiceOver 手势，只不过是暂停了语音的提示。

◎ 三指连续按三下屏幕，此操作为打开或关闭手机的屏幕。

◎ 三指连续按四下屏幕，把刚刚听到的文字拷贝到剪贴板，再利用转子的编辑功能进行粘贴。

◎ 三指同时向右或是向左滑动，左右翻页。

◎ 三指同时上推或是下滑，向上或是向下翻页，如网站、列表等。这个手势也可用于打开通知中心和控制中心，先把焦点停留在通知中心，之后可以同时上推或是下滑。

四指

◎ 四指同时放于屏幕的上半部分或是下半部分，快速地把焦点移动到第一项或是最后一项，四指无须平行，只要确保这四指是同时在二分之一处就可以。

◎ 四指连续按两下屏幕，打开或关闭旁白 /VoiceOver 帮助手势。注意，打开以后你可以在屏幕上对手势进行练习，并不会对命令执行触发，退出帮助可以再次按两下或是双指搓擦，或是直接按下 Home 键。

◎ 四指向左或者向右移动，在应用之间切换（当打开一个应用时，可采用该手势向右滑动切换到上一个应用或者向左滑动切换到下一个应用）。

课后作业

1. 熟记安卓系统的 TalkBack 和苹果系统的旁白启动方法。

2. 练习智能手机的手指操作方式。

第 10 章　随时沟通：微信

教学目标

- 了解微信的主要作用。
- 学习微信常用功能和操作方法。
- 学习手机移动支付：微信支付的使用方法。

10.1　微信简介

微信和 QQ 都是腾讯公司开发的应用软件。微信是一款功能非常强大的手机应用，支持发送语音短信、视频、图片和文字，还可以群聊，目前微信用户已经超过十亿。

图 10.1

微信特色功能

- 语音聊天：聊天时，因为输入文字太麻烦，微信支持发送语音消息，只需长按“按住说话”按钮，对着手机讲话，松开手就可以发送语音消息，极大地方便了用户聊天。

- 发朋友圈：用户可以通过朋友圈发表文字和图片，同时可通过其他软件将文章或者音乐分享到朋友圈，与好友保持密切的联系和互动。用户可以对好友新发的朋友圈的照片和链接进行“评论”或“赞”，在朋友圈中，用户只能看到共同好友的评论或赞。
- 微信红包：微信派发红包的形式共有两种：第一种是普通等额红包，一对一或者一对多发送；第二种更有新意，被称作“拼手气群红包”，在微信群一对多发送；用户设定好总金额以及红包个数之后，可以生成不同金额的红包，好友领取的红包金额是随机的。微信红包与 2015 年春节联欢晚会的互动，让其成为春节的“新民俗”。
- 发送位置：发送位置功能可以告诉好友你的具体位置，好友在导航的帮助下，即使不熟悉路线，也能够顺利抵达目的地。
- 实时对讲机功能：用户可以通过语音聊天室和一群人语音对讲，聊天室的消息几乎是实时的，并且不会留下任何记录，在手机屏幕关闭的情况下也仍可进行实时聊天。
- 微信支付：微信支付向用户提供支付服务。用户只需在微信中绑定一张银行卡，完成身份认证，即可将手机变成一个全能钱包。
- 理财通：腾讯官方理财平台，为用户提供多样化的理财服务，被称为微信版“余额宝”，用户可随时随地理财。

微信摇一摇：微信推出的一个随机交友应用，通过摇手机或点按按钮模拟摇一摇，可以匹配到同一时段触发该功能的微信用户，搭起了微信陌生用户之间沟通的桥梁。摇一摇还有摇歌曲和摇电视的功能，通过摇歌曲可以识别出当前正在播放的歌曲名字、歌词等，而摇电视可以识别出当前电视播放的节目，以及合作的互动活动，如 2015 年春晚的“摇红包”活动。

10.2　微信常用功能和操作

(1) 注册微信账号

初次使用微信，需要在应用商店下载安装微信；安装后打开微信，点按“注册”按钮；在第一个输入框输入你的手机号码（如图 10.2），点按“注册”按钮进行提交；在打开的“微信隐私保护指引”页面，点按“同意”按钮进入下一步；在“安全校验”环节，点按“开始”按钮进行安全验证，有三种验证方法可进行验证。

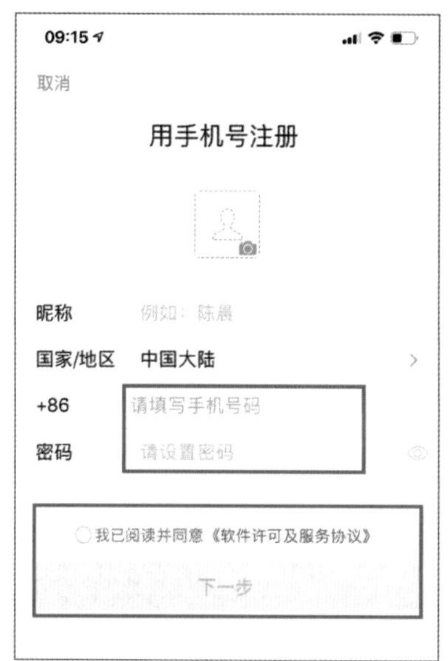

图 10.2

- 第一种方法：拖动画面中的滑块到指定空缺位置。
- 第二种方法（可通过点按滑块下方的问号进入）：请求身边已是微信用户的朋友扫描此页面上的二维码协助验证。
- 第三种方法（可通过点按滑块下方的问号进入，再点按下方的“不方便扫码”进入）：请求身边已是微信用户的好友在手机微信上搜索“微信团队”—“自助工具”菜单—“注册辅助验证”，让协助验证的微信用户填写你的手机号码，然后提交。（如图 10.3—图 10.4）

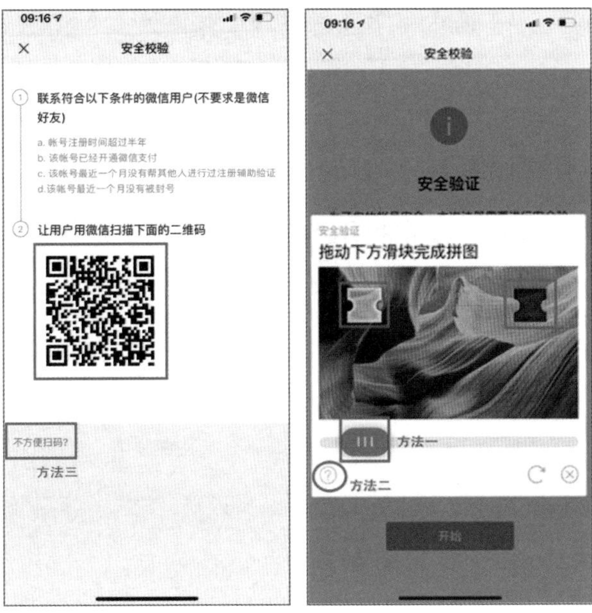
09:16
安全校验
联系符合以下条件的微信用户(不要求是微信好友)
a. 帐号注册时间超过半年
b. 该帐号已经开通微信支付
c. 该帐号最近一个月没有帮其他人进行过注册辅助验证
d.该帐号最近一个月没有被封号
让用户用微信扫描下面的二维码
不方便扫码?
方法三
09:16
安全校验
安全验证
安全验证
拖动下方滑块完成拼图
方法一
方法二
开始

图 10.3

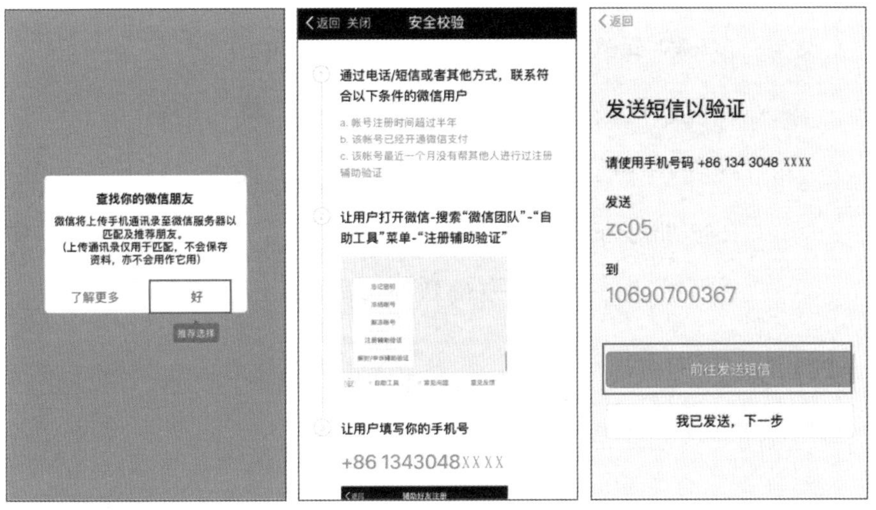
查找你的微信朋友
微信将上传手机通讯录至微信服务器以匹配及推荐朋友。
(上传通讯录仅用于匹配，不会保存资料，亦不会用作它用)
了解更多
好
推荐选择
返回 关闭 安全校验
通过电话/短信或者其他方式，联系符合以下条件的微信用户
a. 帐号注册时间超过半年
b. 该帐号已经开通微信支付
c. 该帐号最近一个月没有帮其他人进行过注册辅助验证
让用户打开微信-搜索“微信团队”-“自助工具”菜单-“注册辅助验证”
让用户填写你的手机号
+86 1343048XXXX
返回
发送短信以验证
请使用手机号码 +86 134 3048 XXXX
发送
zc05
到
10690700367
前往发送短信
我已发送，下一步

图 10.4

温馨提醒：若协助验证的好友为明眼人，推荐使用第一种、第二种方法；若协助验证的好友为视障人士，可使用第三种方法。

验证成功后，点按“返回注册流程”按钮进行账号注册。通过手机短信的方式，发送提示的指定字符到指定号码。短信验证通过后，完善个人资料，输入昵称，并上传相片作为头像，方便朋友一眼就认出你。至此，完成了微信注册流程，恭喜你拥有了自己的微信账号。

温馨提醒：点按“查找你的微信朋友”提示框中的“好”按钮，可更快速地发现手机通讯录中的微信好友。

（2）添加好友

- 点按微信主页面右上角的“+”按钮。
- 在下拉菜单中点按“添加好友”按钮。
- 在搜索框输入好友微信号或手机号，确认搜索。
- 搜到好友后，点按“添加到通讯录”按钮。
- 在添加好友的验证消息中，输入自己的名字，点按“发送”按钮，等待好友确认通过。（如图 10.5）

09:18
添加朋友
微信号/手机号
我的微信号：mao ************ 65
雷达加朋友
添加身边的朋友
面对面建群
与身边的朋友进入同一个群聊
扫一扫
扫描二维码名片
手机联系人
添加通讯录中的朋友
公众号
获取更多资讯和服务
企业微信联系人
通过手机号搜索企业微信用户
09:18
微信
搜索
发起群聊
添加朋友
扫一扫
收付款
通讯录
发现
我
09:20
发送
申请添加朋友
发送添加朋友申请
我是毛毛虫
设置备注
小田
设置朋友权限
聊天、朋友圈、微信运动等
仅聊天
朋友圈和视频动态
不让他(她)看
不看他(她)
09:19
小田
地区：广东 惠州
备注和标签
来源
来自手机号搜索
更多信息
添加到通讯录

图 10.5

添加好友后，你还可以填写好友头像下方的“设置备注及标签”，方便你记住好友。（如图 10.6）

图 10.6

（3）接受好友添加请求

- 点按微信主页面下方的“通讯录”标签。
- 点按“新的朋友”按钮。
- 在新的朋友列表中，点按“接受”按钮，同意好友给你发送的添加好友请求。（如图 10.7）

图 10.7

（4）查找好友

在主页面的搜索栏中输入好友微信昵称，即可在你的所有好友中找到你所要查找的好友。（如图 10.8）

图 10.8

（5）发表朋友圈

发表含有文字、图片、短视频的朋友圈：在“发现”页面，点按朋友圈进入“朋友圈”主页；点按右上角的“拍照”按钮，选择“拍摄”或“从手机相册选择”进行图片或短视频拍摄 / 上传；在输入框输入想要发表的文字，也可以留空；点按右上角的“发表”。（如图 10.9）

图 10.9

发表仅含有文字的朋友圈：长按朋友圈主页右上角的“拍照”按钮；在输入框输入想要发表的文字；点按右上角的“发表”，纯文字的朋友圈即发布成功。（如图 10.10）

图 10.10

（6）置顶聊天（置顶后的好友将出现在聊天列表顶部）

- 点按好友头像进入聊天页面。
- 点按右上角的“…”按钮，进入“聊天详情”页面。
- 点按将“置顶聊天”的“关闭”状态改为“打开”状态，该好友已被置顶在聊天列表顶部（底色为绿色即代表被置顶）。（如图 10.11）

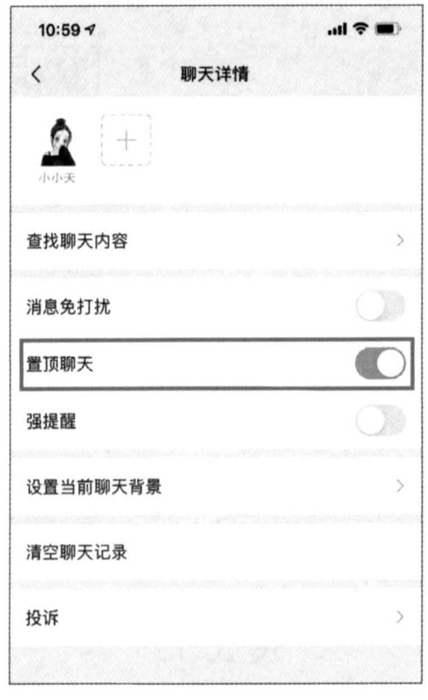

图 10.11

（7）设置好友备注 / 添加电话号码

- 点按好友头像进入聊天页面。
- 点按右上角的“个人资料”按钮。
- 点按“好友昵称”按钮。
- 在好友详细资料页面，点按“设置备注及标签”按钮。
- 在备注名文本栏，设置好友备注名。
- 在“添加电话号码”文本栏，输入好友电话号码。
- 点按“完成”按钮完成备注。（如图 10.12）

图 10.12

（8）对好友进行隐私设置（不让他看我的朋友圈、不看他的朋友圈）

不让他看我的朋友圈：设置后，好友将不能看到你的朋友圈；在好友资料设置页面，点按“不让他看我的朋友圈”按钮，将“关闭”状态改为“开启”状态（按钮颜色为绿色即为开启），完成设置。（如图 10.13）

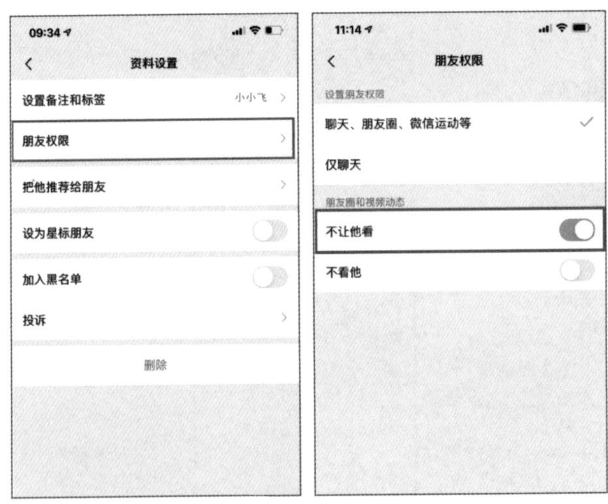

图 10.13

- 不看他的朋友圈：设置后，将不再看到好友发的朋友圈动态；在好友资料设置页面，点按“不看他的朋友圈”按钮，将“关闭”状态改为“开启”状态，完成设置。

（9）查看朋友圈

点按微信底部的“发现”菜单，点按“朋友圈”按钮，查看自己及好友近期发布的动态。

（10）删除好友

- 点按好友头像进入聊天页面。
- 点按右上角的“个人资料”按钮。
- 点按“好友昵称”按钮。
- 在好友详细资料页面，点按右上角的“更多”按钮，进入好友资料设置页面。
- 点按“删除”按钮，删除好友。

（11）加入黑名单（屏蔽此人发送的任何消息）

在好友资料设置页面，点按“加入黑名单”按钮，将“关闭”状态改为“开启”状态。

（12）与好友聊天的相关操作（均在好友聊天页面进行操作）

- 发送文字消息：点按“文本栏”，输入文字消息。
- 发送语音消息：点按“切换到语音输入”按钮，长按“按住说话”按钮录音，松开按钮发送录入的语音消息。
- 发送表情：点按“表情”按钮，点按选中想要发送的表情，再点按“发送”按钮。若要发送收藏的表情包或其他动态表情包，点按想要发送的表情即可发送出去，无需再点按“发送”按钮。
- 发送照片：点按“照片”按钮，选中想要发送的照片，点按“发送”按钮。
- 发送个人名片：点按“个人名片”按钮，在“选择好友”列表页面，选中好友，点按“发送”按钮，完成推荐。
- 发送个人定位（可发送位置或共享实时位置）
  - ◎ 发送位置：点按“位置”按钮，点按“发送位置”按钮，点按“发送”按钮，向好友发送你所在的位置。
  - ◎ 共享实时位置：点按“位置”按钮，点按“共享实时位置”按钮，点按“确定”按钮，向好友共享你所在的实时位置；点按左上角“退出”按钮，退出操作（如图 10.14）。

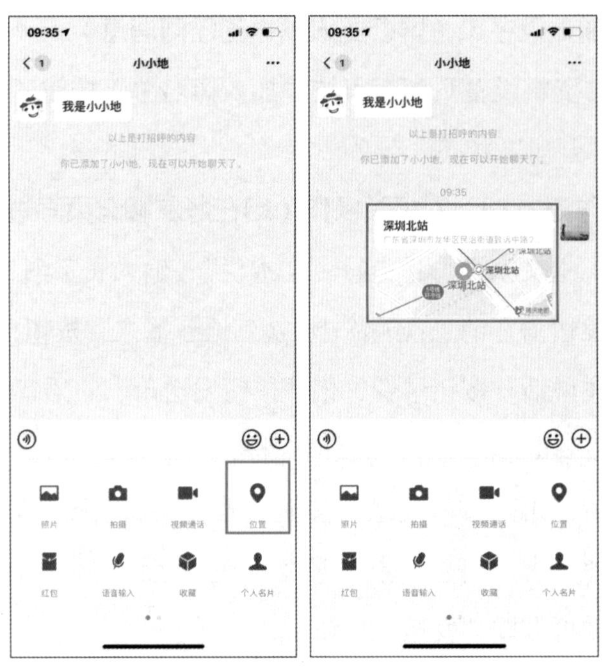

图 10.14

- 发起视频通话：点按“视频通话”按钮，用户可选择“视频通话”或“语音通话”，等待好友接受通话请求后，与好友语音聊天。

* 接听好友的视频通话就像接听普通电话一样，一键接听就好。

- 撤回 2 分钟内发送的消息：选中并长按需要撤回的消息，在弹出的操作栏内，点按“撤回”按钮，已撤回的消息可以再次编辑。

* 同样长按消息，可以对消息进行转发、收藏、删除等操作。

（13）用户个人设置操作（与自己相关的一些操作）

上传 / 修改头像：

◎　点按“我”菜单，进入个人资料页面。

◎　点按上方的资料框，进入“个人信息”主页面。

◎　点按“头像”。

◎　点按右上角“…”按钮。

◎　点按“从手机相册选择”，选中照片。

◎　点按“使用”，上传或修改头像。

修改个人微信名字：

◎　在“个人信息”主页面，点按“昵称”按钮。

◎　在文本栏输入新的微信名字。

◎　点按“保存”按钮更新个人微信名字。

向他人展示自己的二维码：

◎　在“个人信息”主页面，点按“二维码名片”按钮后，将“二维码名片”页面上的二维码展示给对方看，对方可扫码添加你为好友。

微信消息免打扰：对好友及微信群设置消息免打扰，可避免新消息提醒干扰，设置后收到新消息不会发出声音或震动，但依然能收到好友或群内新消息，但无新消息提醒。

◎　进入聊天页面，点按右上角的“…”标志，进入聊天信息设置菜单页面。

◎　点按“消息免打扰”按钮，将“关闭”状态改为“开启”状态，完成设置。（如图 10.15）

图 10.15

* 群消息免打扰的设置方法与上述方法一样。

10.3　微信支付

微信支付以轻量、便捷迅速成为移动互联网时代最受欢迎的支付方式之一。本节将介绍如何使用微信支付。

开通微信支付：

◎　打开微信主页面，点按右下角的“我”菜单；

◎　点按“支付”按钮，进入支付界面；

◎　在支付界面，点按右上角的“钱包”按钮；

◎　在钱包界面点按“银行卡”按钮；

◎　进入银行卡界面后，点按“添加银行卡”按钮，依次输入持卡人姓名、银行卡卡号，之后点按“下一步”按钮；

◎　根据提示，输入上一步填写的银行卡在银行预留的手机号；

◎　输入银行发的绑定验证码，一般为数字或字符；

◎　完成绑卡，即可使用绑定的卡进行微信支付。

☞ 使用微信付款：

◎　打开微信主页面，点按右下角的“我”菜单；

◎　点按“支付”按钮后再点按“收付款”按钮，向商家展示付款二维码完成付款操作。

☞ 使用微信收款（如图 10.16）：

◎　打开微信主页面，点按右下角的“我”菜单；

◎　点按“支付”按钮，再点按“收付款”按钮，然后点按“二维码收款”按钮，出现收款二维码；

◎　点按“设置金额”按钮，输入数字设置要收款的金额。

◎　点按“保存收款码”按钮，可方便下次在不用网络的情况下向对方出示收款码。

◎　付款方扫描收款二维码完成付款。

图 10.16

使用微信收发红包：

◎ 打开一个群聊或者联系人进入聊天界面；

◎ 点按聊天界面右下角的“+”按钮，展开更多操作面板；

◎ 点按操作面板左下角的“红包”按钮；

◎ 在发红包界面，输入要发的红包金额；

◎ 群聊红包默认为拼手气红包（每个群好友的红包金额是随机的），点按“普通红包”按钮，可向群好友发送等额红包（每个人抢到相等金额的红包），输入红包个数；

◎ 点按“塞钱进红包”按钮，输入支付密码，红包就发送出去了。（如图 10.17）

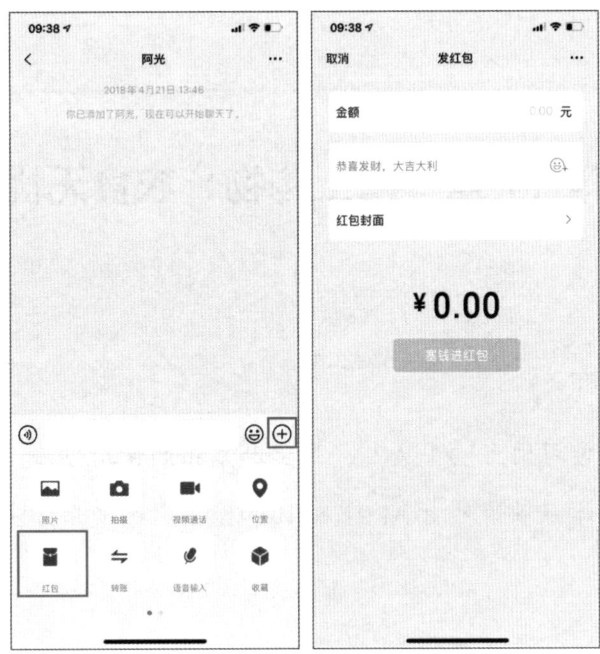

图 10.17

课后作业

1. 注册微信账号，拍一张你正在学习电脑的照片，发布到朋友圈，并说说你的感想。

2. 完成微信支付银行卡的绑定，并在群里给好友发一个随机红包。

第 11 章　网上购物：衣食无忧

教学目标

- 学习网上购买 APP：淘宝和京东的使用方法。
- 学习餐饮外卖 APP：美团和饿了么的使用方法。

11.1　购物：淘宝和京东

(1) 淘宝购物

网络购物让我们端坐家中，即可购买来自世界各地的货品，素有“万能的淘宝”之称的淘宝是学习网购的第一站。本节将介绍手机淘宝的使用方法。

- 在手机应用商店搜索“淘宝”App，下载并安装；
- 打开“淘宝”应用，点按界面右下的“我的淘宝”，进入登录界面；
- 点按新用户注册，使用手机号注册一个淘宝账户；
- 淘宝账户注册成功后，会同步创建一个支付宝账号，用户可使用相同的账号密码登录支付宝（支付宝的使用方式参照第 10 章的微信支付）；

- 返回淘宝“首页”，点按顶部的“搜索”，进入搜索输入界面；
- 输入一个想要购买的关键词，如洗发水；
- 在搜索结果中选中要想购买的品牌的洗发水，点按进入；
- 向下滑动可导航至商品详情，了解商品介绍；
- 向下滑动导航至商品评论，可以了解其他买家对此款商品的购买评价作为购买参考；
- 经过挑选后，点按商品下方的“立即购买”按钮开始购买，如果同时需要购买多个商品，点按商品下方的“加入购物车”按钮；
- 进入购买流程后，按要求填入收货地址；
- 接下来付款，通过添加银行卡完成绑定后，就可以直接支付成功；
- 最后就是等待快递送货上门。（如图 11.1）

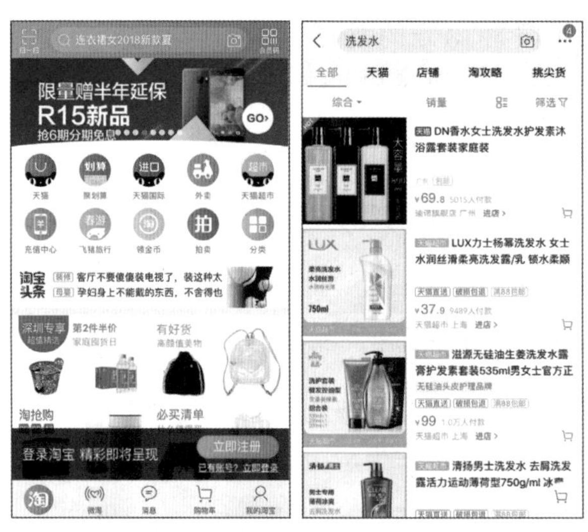

图 11.1

（2）京东购物

京东购物的使用方法跟淘宝基本一致。在手机应用商店下载京东 App 后，可以参考淘宝的使用方法完成京东的购物体验。京东与淘宝的区别是，京东有自己的物流配送系统，京东自营的商品都会由京东负责配送，可以保证快速送货上门，并提供有保障的售后服务。京东购物有着快速送货的优势，你还可以在京东生鲜上买菜、买肉制品等。

11.2 外卖：美团和饿了么

（1）美团外卖操作

美团外卖是美团网旗下网上订餐平台。美团外卖的品类非常多，包括附近美食、果蔬、生鲜、鲜花、蛋糕等，一日三餐，各式美食均可配送。多品牌入驻如必胜客、肯德基、麦当劳、星巴克、真功夫等。同时，还提供送药上门、跑腿代购等多种服务。可以说是十分方便。

- 打开美团外卖 App，点按右下角“我的”图标，再点按顶部的“登录”按钮，输入手机号码和验证码完成登录。
- 点按左下角的“首页”标志，在页面搜索美食店铺。
- 选中美食店铺，开始点餐，点餐完成后点按右下角“去结算”按钮进入付款环节（点按右侧“+”，即可将想点的菜添加到购物车）。（如图 11.2）

图 11.2

- 填写收货地址。第一次叫外卖的用户需要添加收货地址，外卖员才能将外卖送给你。
- 点按上方的“新增收货地址”按钮，如实填写你的收货信息。

点按右下角的“提交订单”按钮，进入付款页面。可选择微信支付、美团支付、Apple Pay 等支付方式。付款后，只需等待外卖员送外卖上门即可。（如图 11.3）

图 11.3

（2）饿了么外卖操作

“饿了么”是中国知名的在线外卖订餐平台，已经覆盖中国数千座城市，聚集了数百万家餐饮商户。饿了么为用户提供极致体验的到家服务，将 7 亿城镇居民接入 30 分钟便利生活圈。

- 打开饿了么 App，点按右下角“我的”进入个人页面，再点按“立即登录”，输入手机号码和验证码，完成“登录”；
- 点按“美食”，如果不知道选哪一家，可以按照“好评优先”来排序；（如图 11.4）
- 选择自己喜欢的餐馆，然后下单（点按右侧的“+”可将美食加入购物车）；
- 选择“配送地址”“配送时间”“支付方式”，点按“确认支付”；
- 点餐完成后，可以查看进度，进行催单。（如图 11.5）

图 11.4

图 11.5

课后作业

1. 注册淘宝账号，完善个人信息，并搜索想要购买的商品，了解该商品的详细描述和评论。

2. 用淘宝搜索一样你正需要购买的商品，加入购物车，提交订单并完成付款流程。

3. 注册饿了么账号，搜索周边的美食，为自己点一份外卖。

第 12 章　出行信息：提前规划

教学目标

- 学习如何查询天气、网约汽车、旅游预订等 App 应用。
- 参照常用手机 App 操作，对其他的 App 能举一反三。

12.1　墨迹天气

墨迹天气是一款免费的天气信息查询软件，设计美观，使用简单，支持中国大部分地区的天气查询。

- 在手机应用商店搜索“墨迹天气”，下载安装；
- 打开墨迹天气，同意其读取手机的位置信息；
- 进入主界面就是当地的基本天气信息，向下划动，可以查看更加详细的天气预报，包含有 24 小时预报、15 天预报、生活指数等；
- 点按屏幕左上角的加号，添加关注其他城市的天气状况；

添加多个地区的天气后，可以通过左右滑动屏幕，在多个地区间切换查看。(如图 12.1)

图 12.1

12.2　高德和百度地图

外出前往一个陌生的目的地时，无论是乘坐公共交通工具，还是步行都会遇到问路的情况。自从手机导航能方便地查地图线路后，出行就方便多了，出门就不怕找不到目的地了。通过手机上的地图应用，我们可以轻松地查到公交地铁的换乘路线或者步行路线。

(1) 高德地图

高德地图是国内较早提供电子地图服务的厂商。提供有驾车、公交、骑行、步行等多种模式的路线规划服务。

下面以高德地图查找公交线路为例介绍具体操作。

- 在手机应用商店搜索高德地图，下载安装；
- 打开高德地图应用，授权允许高德地图使用手机的地理位置及允许联网；
- 点按顶部的搜索框进入目的地输入，输入目的地，如“南山图书馆”，按 Enter 键确认；高德地图支持语音输入目的地，在顶部输入框右侧点按“语音输入”按钮即可语音输入；
- 高德地图会列出所有这个目的地关键词的多个搜索结果，点按进入自己要前往的那个目的地，然后点按“路线”按钮；
- 高德地图会以你当前所在位置为出发地，给出前往目的地的路线导航，默认驾车的路线，可以通过滑动顶部的选项切换到“公交”模式；
- 公交模式下，高德地图会列出多种到达目的地的可乘坐的公交线路列表，此时可以综合考虑换乘次数、用时等因素选择一条乘坐线路，点按进入；
- 按照导航先步行至公交站，等待自己要乘坐的公交车到达，然后乘坐；
- 到站下车后，可继续按导航步行至目的地。（如图 12.2）

图 12.2

*举一反三：若是你要步行去目的地，可以选择“步行”模式，按照导航语音提示步行前往即可。

（2）百度地图

百度地图是另一个常用的电子地图服务。同样提供有驾车、公交、骑行、步行等多种模式的路线规划服务。

下面以百度地图查找公交线路为例介绍具体操作。

- 在手机应用商店搜索百度地图，下载安装；
- 打开百度地图应用，授权允许百度地图使用手机的地理位置及允许联网；
- 点按顶部的搜索框，输入目的地，如“南山图书馆”，按 Enter 键确认；百度地图也支持语音查找目的地，进入输入目的地的界面后，点按“点按说话”按钮即可开始语音输入；

- 百度地图会列出所有这个目的地关键词的搜索结果，点按选择要前往的目的地，然后点按“到这去”按钮；
- 百度地图会以你当前所在位置为出发地，给出前往目的地的路线导航，默认会是驾车的路线，可以通过滑动顶部的选项，点按切换到“公交”模式；
- 公交模式下，百度地图会列出多种到达目的地的可乘坐的公交线路列表，此时可以综合考虑换乘次数、用时等因素选择一条乘坐线路，点按进入；
- 按照导航先步行至公交站，等待自己要乘坐的公交车到达，然后乘坐；
- 到站下车后，可继续按导航步行至目的地。（如图 12.3）

图 12.3

温馨提醒：高德、百度地图现均可实现 App 内打车叫车功能，使用方法参照下文的“滴滴出行和神州专车”。

12.3 滴滴出行和神州专车

（1）滴滴出行

滴滴出行作为新时代的出行平台，提供有拼车、快车、专车、顺风车、出租车等类目的出行选择。（如图 12.4）

- 专车，一般使用高端车型，价格最贵的一种方式。
- 快车，一般使用普通车型，价格比专车略便宜。
- 拼车，是一人发布行程后，滴滴会寻找相同时间段内有顺路行程的其他乘客，价格相对便宜。
- 顺风车，车主不是专业司机，车主发布一个行程后，可以选择顺路的乘客，价格相对便宜。
- 出租车，发布行程后由出租车司机接单，车费也按出租车标准支付。

使用滴滴出行的方法：

- 在手机应用商店搜索滴滴出行，下载安装；
- 进入滴滴出行，选择一种出行方式，我们这里选择使用“快车”；
- 一般出发地点会根据当前定位自动设置；
- 点按目的地，设置目的地信息，然后点按“呼叫快车”。
- 第一次使用滴滴出行需要进行手机号绑定，绑定好手机号后，滴滴出行会将你的行程发送给附近的司机。

- 当司机接受了你的叫车订单后，会前往你的出发地接你，司机一般会电话联系你确认接你的位置；
- 到达目的地后进行支付，可以选择使用微信支付车费，另外也支持绑定银行卡支付；
- 支付成功后，可以对司机的服务进行评价。

图 12.4

（2）神州专车

神州专车的使用方法与滴滴出行基本一致，可以在应用商店下载神州专车并安装使用。神州专车也支持微信支付。神州专车相比滴滴出行有专职的司机和专业的接送服务，在一些极端天气或者早晚高峰期，神州专车相比滴滴出行更容易叫到车。相应的，神州专车会比滴滴出行的费用稍贵一些。（如图 12.5）

图 12.5

12.4 携程旅行

携程旅行是一家互联网票务平台，提供机票、酒店、火车票等订购服务。（如图 12.6）

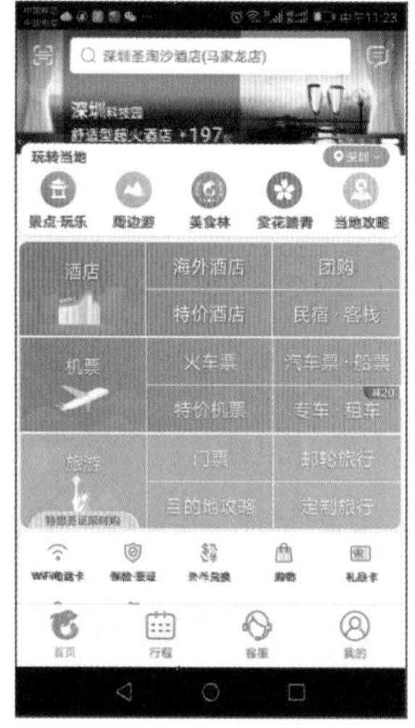

图 12.6

(1) 使用携程预订酒店

- 在手机应用商店搜索携程，下载安装；
- 打开携程应用，点按主界面左上的“酒店”；
- 进入酒店预订页面，依次填写目的地、入住时间、离店时间、房间数，然后点按“查询”按钮；
- 携程会列出找到的所有酒店，可以通过评分、距离、价格、星级进行筛选；
- 选好酒店与要住的房型后，点按“预订”按钮；
- 输入联系方式，点按“支付”按钮，可通过微信支付完成支付；
- 订购成功，将收到短信通知。（如图 12.7）

图 12.7

（2）使用携程预订机票

- 打开携程应用，点按主界面左上的“机票”；
- 进入机票预订页面，依次填写出发地、目的地、时间，然后点按“搜索”按钮；（如图 12.8）
- 携程会列出找到的所有此线路的航班，可以通过价格、时间进行筛选；
- 选好航班后，添加联系方式，点按“预订”按钮；
- 输入联系方式，点按“支付”按钮，可通过微信支付完成支付；
- 订购成功，将收到短信通知。

图 12.8

课后作业

1. 打开高德地图 App，用语音输入要去的目的地，如“南山图书馆”，分别查找“公交”和“步行”两种模式所需要的时间。

2. 使用“携程旅行”，搜索深圳至北京的机票，并向身边的视障朋友分享了解到的机票价格。

第13章　影音娱乐：移动 FM 视频 直播

教学目标

- 了解现阶段常用的移动 FM，学会使用移动 FM。
- 学会使用视频播放器。

13.1　移动 FM

随着移动互联网的兴起，趋于平淡的电台广播逐渐活跃起来，以手机电台、音频聚合和个人主播等模式为主导模式的服务公司层出不穷，如喜马拉雅 FM、蜻蜓 FM 和企鹅 FM 等。移动 FM 是一座信息资源丰富的数字图书馆，音频的节目浩如烟海，音乐、新闻、有声小说等海量的内容让人目不暇接。上班的路上、悠闲的午后和静谧的夜晚，移动 FM 随时可以陪伴人们。

近几年移动 FM 层出不穷，比较有名的有喜马拉雅 FM、蜻蜓 FM、考拉 FM、懒人听书、企鹅 FM、爱上 Radio、多听 FM、爱因斯坦 FM、阿基米德 FM 等。下面，本教程着重介绍一下喜马拉雅 FM、蜻蜓 FM 和企鹅 FM。有兴趣的学员，可以把这些移动 FM 都下载下来并体验一下。

图 13.1

（1）喜马拉雅 FM

图 13.2

喜马拉雅 FM 在 2015 年加入了中国信息无障碍产品联盟，是一个内容比较综合的移动 FM 平台。它提供丰富的有声内容，包括有声书、相声段子、音乐、新闻、综艺娱乐、儿童、情感生活、评书、外语、培训讲座、百家讲坛、广播剧、历史人文、电台、商业财经、IT 科技、健康养生、校园、汽车、旅游、电影、游戏等五千多个分类，上千万条声音。（如图 13.2）

喜马拉雅 FM 内有一系列的合作版权内容，包括郭德纲的相声、罗胖的罗辑思维、高晓松的晓松奇谈、财经郎眼等；它同时也签约了一批独家主播，为其平台打造了一系列具有特色的独家节目，像《段子来了》等；同时，喜马拉雅 FM 也是一个向全用户开放的内容平台，用户可以自己参与到内容创作中，并将其展示给其他用户。

打开喜马拉雅 FM APP，进入 APP 后的主界面布局介绍。

- 首页：首页显示分类图标、推荐内容和搜索框，是所有 FM 内容的大入口。
- 我听：包括“下载”“播放历史”“已经购买”和“标记喜欢”的声音产品。
- 消息中心：这里可以收到其他用户的聊天消息，也可以收到系统通知。
- 搜索框：直接搜索感兴趣的内容。
- 播放历史：可以找到最近收听过的节目。
- 已下载内容：可以找到已经下载的内容。
- 我的：注册喜马拉雅 FM 账号后，可以更好地管理和记录用户听过与想听的内容。

- 正在播放的节目：点按用户正在播放的节目可进行“播放”或“暂停”状态切换。
- 发现：这是一个有趣的菜单选择，这个板块里，喜马拉雅 FM 会根据用户的历史感兴趣内容，筛选并推荐用户一批内容，也就是“猜你喜欢”。
- 其他导航栏：内容顾名思义，可以尝试浏览一下里面推荐的内容。

（2）蜻蜓 FM

图 13.3

蜻蜓 FM 和上面提到的喜马拉雅 FM 类似，它在直播方面的内容会更丰富些，这就让蜻蜓 FM 更偏向于传统的收音机。它囊括了国内外数千家网络广播，并与全国各大地方电台合作，将传统电台整合到网络电台中，为用户呈现前沿丰富的广播节目和电台内容，涵盖了有声小说、相声小品、新闻、音乐、脱口秀、历史、情感、财经、儿童、评书、健康、教育、文化、科技、电台等三十余个大分类。这使得蜻蜓 FM 在众多移动 FM 平台中，算是一个纯粹度比较高的声音聚合类的专业生产内容（professionally generated content，PGC）平台，同时，它也支持用户注册成为主播，进行内容分享，所以它也是一个用户生产内容（user generated content，UGC）平台。蜻蜓 FM 的界面布局和喜马拉雅 FM 基本一致。内容方面，值得关注的是，蜻蜓 FM 特有的“广播电台”和“直播专区”。（如图 13.3）

- 广播电台：可以收听大量的国内外官方广播电台节目，手机就是一个随身携带的收音机。
- 直播专区：在直播专区中，用户可以听到线上主播丰富多彩的直播内容。在这里，如果用户有什么想说的、想分享的，也可以成为一名主播进行直播。

（3）企鹅 FM

企鹅 FM 是腾讯公司推出的音频电台分享平台，同时也是进行了信息无障碍优化的 APP。它提供有声小说、音乐、笑话段子、新闻、娱乐八卦、情感故事、相声评书、亲子教育等海量音频节目内容，它有很多独家签约的有声小说和相声评述栏目。用户可以下载企鹅 FM App 并体验一下。

13.2　视频播放器

(1) 腾讯视频

图 13.4

腾讯视频以丰富的内容、极致的观看体验、便捷的登录方式、24 小时多平台无缝应用体验以及快捷分享的产品特性广受用户欢迎。用户可使用腾讯视频 App 在线观看电影、电视剧和视频。打开腾讯视频 App，点按“登录”，页面弹出“QQ 登录”和“微信登录”，选择其中的一个，并进行一键登录即可进入腾讯视频的页面。（如图 13.4）

- 点按“首页”，用户可以选择想看的视频。
- 查找想要看的视频，如查找电视剧《河谷镇》，在搜索框中输入“河谷镇”。

- 选择想看的电视剧，“立即播放”，也可以选择想看哪一集。
- 打开电视剧页面，找到加号，就可以收藏该电视剧。
- 点按“个人中心”，点按“我的看单”，可以查看已经收藏的电视剧或电影或视频。

（2）爱奇艺

图 13.5

爱奇艺为用户提供海量、优质、高清的网络视频服务，用户可使用爱奇艺 App 看电影或电视剧或视频。（如图 13.5）

打开爱奇艺 App，点按“注册”。

- 使用手机号码或微信注册，QQ、百度账号也可登录。
- 注册成功后，点按“视频”，最上面有一行文字，可以选择自己感兴趣的栏目，也可以点按“导航”，看到所有分类。

- 假设现在想看电影《泰坦尼克号》，可以在搜索栏中输入“泰坦尼克号”进行搜索。然后点按“立即播放”即可观看，也可以点按“缓存”，将电影下载到手机中离线观看。
- 用户在播放页面的最下面一行点按“收藏”可以收藏电影。
- 点按“我的”，打开“我的”页面，点按“观看历史”可查看之前观看过的视频，点按“我的收藏”可以查看收藏过的视频，点按“缓存中心”可以查看下载到本地的视频。

13.3　直播

近年来，伴随着智能手机的普及与各种 App 的发展，直播成为一个潮流。直播已经从一个“年轻群体的娱乐方式”变成了“全民娱乐”，无论是生活中的普通老百姓，还是荧幕中的闪亮明星都加入了直播之中。直播具备真实感和互动性，社交性和娱乐性较强，能拉近主播与网友之间的距离，这也是直播成为一种流行趋势的原因之一。在线游戏直播、娱乐直播以及主播日常直播等颇受广大网友喜爱，同时，直播也是一个社交电商平台，有很多企业通过网络直播来开展商品营销。

短视频直播是指在各种新媒体平台上播放的，适合在移动状态和短时休闲状态下观看的高频推送的视频内容，几秒到几分钟不等。短视频直播融合了技能分享、幽默搞怪、时尚潮流、社会热点、街头采访、公益教育、广告创意、商业定制等主题。“人人可以做主播，打开手机就是看直播”已经成为人们日常生活中的一种娱乐和生活方式。视障朋友可以通过直播快速获得各类信息，也可以通过直播平台拍摄短视频，形成自己的作品并公开发布。下面以“抖音”为例，说明一下短视频直播的操作流程。

13.3.1 抖音

抖音，是一款拍摄短视频的创意短视频社交软件。用户可以通过这款软件拍摄短视频，形成自己的作品并公开发布，向大家分享自己的生活，同时也可以在这里认识到更多朋友，了解各种奇闻趣事。

☞ 下载“抖音”软件

☞ 打开抖音软件

◎ 打开抖音 App，在“首页”就能观看到好玩的短视频了，上下滑动屏幕可以切换不同的短视频；

◎ 点按右侧心形图标将喜欢的视频收藏到“我喜欢的作品”中；

◎ 在“分享”功能中还可以将短视频分享给“好友”或者“保存到本地”。

◎ 如果想自己拍短视频，可以点按首页正下方的“+”图标，开始进入拍摄步骤；

◎ 用户需要先选择合适的音乐，再点按“确定”使用并开拍；

◎ 开始拍摄视频素材，拍摄完成后，在左下角可以选择给视频添加滤镜以及特效等选项；这里还可以给视频选择一个好看的封面，完成后点按“下一步”就能发布自己拍摄的视频了。

◎ 最后“编辑”你想说的话，点按“发布”即可。

13.3.2　短视频直播平台无障碍测评

信息无障碍产品联盟（CAPA）在 2019 年 9 月最新发布的“可及”互联网产品信息无障碍评测，聚焦 iOS、Android 端，选取了障碍用户使用最高的 9 款短视频 App 进行评测，分数如下：

第二期短视频类 App–iOS 端可及评测

排名	App名称	评分
1	抖音	72.92
2	火山小视频	71.67
3	西瓜视频	59.17
	波波视频	55.83
	微视	52.60
	好看视频	52.50
	全民小视频	47.50
	快手	46.67
	美拍	43.33

图 13.6　可及短视频类 App 评测 –iOS 版

文字版，供视障伙伴参考：第 1 名，抖音，72.92 分；第 2 名，火山小视频，71.67 分；第 3 名，西瓜视频，59.17 分；第 4 名，波波视频，

55.83 分；第 5 名，好看视频，52.60 分；第 6 名，微视，52.50 分；第 7 名，全民小视频，47.50 分；第 8 名，快手，46.67 分；第 9 名，美拍，43.33 分。

第二期短视频类 App- 安卓端可及评测

排名	App名称	评分
1	抖音	74.68
2	火山小视频	70.12
3	波波视频	60.83
4	美拍	60.42
5	好看视频	59.80
6	全民小视频	59.46
7	快手	57.96
8	微视	55.04
9	西瓜视频	22.31

图 13.7　可及短视频类 App 评测 - 安卓版

文字版，供视障伙伴参考：第 1 名，抖音，74.68 分；第 2 名，火山小视频，70.12 分；第 3 名，波波视频，60.83 分；第 4 名，美拍，60.42 分；第 5 名，好看视频，59.80 分；第 6 名，全民小视频，59.46 分；第 7 名，快手，57.96 分；第 8 名，微视，55.04 分；第 9 名，西瓜视频，22.31 分。

【拓展】可及互联网产品信息无障碍分数遵循的 AR 评分（Accessibility Rank），是信息无障碍产品联盟推出的一套针对移动端互联网产品的无障碍评分体系，主要由两部分构成。其中

50% 来自联盟秘书处信息无障碍研究会工程师的专业评测得分，另外 50% 来自障碍用户调研和用户体验综合得分。

课后作业

1. 下载喜马拉雅 App，搜索并收听自己感兴趣的音频资料。

2. 下载企鹅 FM App，用个人微信账号进行绑定登录，搜索并收听自己感兴趣的内容。

3. 下载抖音 App，搜索收听并拍摄自己感兴趣的内容。

附录 1 快捷键和资源

1.1 Windows 操作系统常用快捷键

第一组：Win 快捷键

说 明	快捷键
快速切换已打开的程序（和 Alt+Tab 一样的效果）	Win + Tab
将所有使用中窗口以外的窗口最小化	Win + Home
将所有桌面上的窗口透明化	Win + Space
最大化使用中窗口	Win + ↑
最小化窗口 / 还原先前最大化的使用中窗口	Win + ↓
将窗口靠到屏幕的左右两侧	Win + ←或→
开启任务栏上相对应的程序	Win + 1~9
打开 Windows 放大、缩小功能	Win +（+/–）
在屏幕上的 Gadget 间切换	Win + G
打开移动中心	Win + X
显示桌面，最小化所有窗口	Win + D
打开资源管理器	Win + E
打开资源管理器搜索功能	Win + F
锁定计算机，切换用户，回到登录窗口	Win + L
最小化当前窗口	Win + M
投影机输出设定（仅屏幕、同步显示、延伸、仅投影机）	Win + P

续表

说　明	快捷键
打开运行窗口	Win + R
任务栏的 Alt+Tab	Win + T
打开控制面板轻松访问中心	Win + U
打开控制面板系统属性	Win + Break

第二组：Ctrl 快捷键

说　明	快捷键
保存	Ctrl + S
关闭程序	Ctrl + W
新建文件夹	Ctrl + N
打开	Ctrl + O
撤销	Ctrl + Z
查找	Ctrl + F
剪切	Ctrl + X
复制	Ctrl + C
粘贴	Ctrl + V
全选	Ctrl + A
缩小文字	Ctrl + [
放大文字	Ctrl +]
粗体	Ctrl + B
斜体	Ctrl + I
下划线	Ctrl + U
输入法切换	Ctrl + Shift
中英文切换	Ctrl + 空格
QQ 号中发送信息	Ctrl + Enter

续表

说　明	快捷键
光标快速移到文件头	Ctrl + Home
光标快速移到文件尾	Ctrl + End
显示开始菜单（相当于 Win）	Ctrl + Esc
快速缩小文字	Ctrl + Shift + <
快速放大文字	Ctrl + Shift + >
强行刷新（任何界面）	Ctrl + F5
复制文件	Ctrl + 拖动文件
启动 \ 关闭输入法	Ctrl + Backspace

第三组：Alt 快捷键

说　明	快捷键
关闭窗口	Alt + 空格 + C
最小化当前窗口	Alt + 空格 + N
恢复最小化窗口	Alt + 空格 + R
最大化当前窗口	Alt + 空格 + X
移动窗口	Alt + 空格 + M
改变窗口大小	Alt + 空格 + S
两个程序交换	Alt + Tab
打开文件菜单	Alt + F
打开视图菜单	Alt + V
打开编辑菜单	Alt + E
打开插入菜单	Alt + I
打开格式菜单	Alt + O
打开工具菜单	Alt + T
资源管理器中的前进 / 后退	Alt + ←或→

第四组：系统基础快捷键

说　明	快捷键
显示当前程序或者 Windows 的帮助内容	F1
当你选中一个文件的时候为“重命名”	F2
资源管理器的搜索功能	F3
显示当前列表中的项目	F4
刷新	F5
激活当前程序的菜单栏	F10 或 Alt
快速截屏（可以粘贴到 QQ、画图、Word 等软件中）	PrtSc（Printscreen）
资源管理器和浏览器中的后退	Backspace
任务管理器	Ctrl + Shift + Esc
删除（放入回收箱）	Delete
永久删除（不放入回收箱）	Shift + Delete

1.2　阳光读屏快捷键

第一组：全局快捷键

说　明	快捷键
关闭阳光	插入键 + F4
显示 / 隐藏阳光主窗口	插入键 + F11
朗读时间，连续按两次朗读日期	插入键 + F12
显示阳光快捷菜单	插入键 + Esc
-	-
下一个有焦点的元素（能用于焦点模式和浏览模式）	Tab
上一个有焦点的元素（能用于焦点模式和浏览模式）	Shift + Tab

续表

说 明	快捷键
扩展 Tab（能遍历窗口上的任何控件，包括 TAB 切换不到的，能用于焦点模式和浏览模式）	插入键 + Tab
扩展 Shift+Tab	插入键 + Shift + Tab
-	-
移动焦点到当前朗读元素上	插入键 + 减号
移动鼠标到当前朗读元素上	插入键 + 加号
移动鼠标到光标位置	插入键 + Shift + 加号
浏览模式 / 焦点模式 切换	插入键 + 1
切换取词方法	插入键 + 2
重复朗读元素 / 当前行	插入键 + F9
朗读当前窗口标题	插入键 + Shift + F9
选中当前元素（在表格里，选中整个表格）（未实现）	插入键 + F8
-	-
从开始朗读到当前位置（适用于 Word、网页、编辑框、窗口）	插入键 + Shift + Page Up
从当前位置读到结束（适用于 Word、网页、编辑框、窗口）	插入键 + Shift + Page Down
从行首朗读到当前位置	插入键 + Shift + Home
从当前位置朗读到行末	插入键 + Shift + End
设置块首（编辑框为设置选择开始，在普通窗口中则会把块首、块尾间的内容拷贝到剪贴板）	插入键 + F10
设置块尾（编辑框为设置选择结尾）	插入键 + Shift + F10
设置逻辑块尾（只针对普通窗口，以窗口控件的逻辑顺序拷贝内容）	插入键 + Ctrl + Shift + F10

第二组：网页浏览

网页默认的是浏览模式，关于浏览模式的更多快捷键参考快速浏览元素（用于浏览模式）。

说　明	快捷键
执行默认操作：针对当前朗读的元素执行默认操作，如果元素没有此操作则执行鼠标左键单击 按钮的默认操作是按下按钮 组合框是展开 单选框是选中 复选框是选中 / 取消选中切换	空格
对当前朗读元素单击鼠标右键	菜单键
手动更新浏览模式数据（有的时候浏览模式数据不随窗口更新，需要手动刷新）	插入键 + F5
禁止 / 允许自动更新浏览模式数据（有的时候，如网页会不停地刷新，每次刷新后，浏览模式都要去取新数据，如果网页刷新速度快，则没办法朗读其内容，可以用此快捷键禁止浏览模式去取新数据）	插入键 + Ctrl + F5
向后跳到第 10 个元素	Page Up
向前跳到第 10 个元素	Page Down
跳到第几个元素（会显示界面选择元素编号）	Alt + G
下一个字符（英文为下一个字母，中文为下一个字）	→
上一个字符（英文为下一个字母，中文为下一个字）	←
上一个元素	↑
下一个元素	↓
第一个元素	Ctrl + Home
最后一个元素	Ctrl + End
本行第一个元素	Home
本行最后一个元素	End

续表

说　明	快捷键
下一个锚链接（未实现）	A
上一个锚链接（未实现）	Shift + A
下一个按钮	B
上一个按钮	Shift + B
下一个组合框	C
上一个组合框	Shift + C
下一个不同类型的元素	D
上一个不同类型的元素	Shift + D
下一个编辑框	E
上一个编辑框	Shift + E
下一帧	F
上一帧	Shift + F
下一个图片	G
上一个图片	Shift + G
下一个标题	H
上一个标题	Shift + H
下一个列表项	I
上一个列表项	Shift + I
下一个链接	J
上一个链接	Shift + J
下一个列表	L
上一个列表	Shift + L
下一个静态文本（并且字符长度超过 5 个中文字或 10 个英文字符），可以用来跳过网页开始的链接到正文	N
上一个静态文本（并且字符长度超过 5 个中文字或 10 个英文字符），可以用来跳过网页开始的链接到正文	Shift + N

续表

说　明	快捷键
下一个嵌入控件	O
上一个嵌入控件	Shift + O
下一段（未实现）	P
上一段（未实现）	Shift + P
下一个表格	Q
上一个表格	Shift + Q
下一个单选按钮	R
上一个单选按钮	Shift + R
下一个相同类型的元素	S
上一个相同类型的元素	Shift + S
下一个树控件	T
上一个树控件	Shift + T
下一个未访问的链接	U
上一个未访问的链接	Shift + U
下一个已访问的链接	V
上一个已访问的链接	Shift + V
上一个静态文本框	W
下一个静态文本框	Shift + W
下一个复选框	X
上一个复选框	Shift + X

第三组：操作鼠标

说　明	快捷键
鼠标左键单击	插入键 + 视窗 + [
鼠标右键单击	插入键 + 视窗 +]

续表

说　明	快捷键
移动鼠标到当前对象	插入键 + 加号
移动鼠标到光标位置	插入键 + Shift + 加号
鼠标跟随 / 不跟随朗读切换	插入键 + 3
朗读 / 不朗读鼠标切换	插入键 + 4
鼠标左键锁定	插入键 + Shift + [
鼠标右键锁定	插入键 + Shift +]
上移鼠标	插入键 + 视窗 + 8
下移鼠标	插入键 + 视窗 + K
左移鼠标	插入键 + 视窗 + U
右移鼠标	插入键 + 视窗 + O
切换鼠标移动类型	插入键 +（Ctrl）+ 视窗 + 8
移动鼠标到指定位置	插入键 +（Ctrl）+ 视窗 + K

第四组：自定义小键盘预设热键

自定义小键盘目前预设“综合”“缓冲”“鼠标”“剪贴板”“浏览”“表格”六个模式。以下描述中所有按键均为小键盘键区。

模式切换热键

说　明	快捷键
综合	小键盘 0 + 小键盘 1
缓冲	小键盘 0 + 小键盘 2
鼠标	小键盘 0 + 小键盘 3
剪贴板	小键盘 0 + 小键盘 4
浏览	小键盘 0 + 小键盘 5
表格	小键盘 0 + 小键盘 6

模式设置热键

说　明	快捷键
综合	小键盘 0 + Ctrl + 小键盘 1
缓冲	小键盘 0 + Ctrl + 小键盘 2
鼠标	小键盘 0 + Ctrl + 小键盘 3
剪贴板	小键盘 0 + Ctrl + 小键盘 4
浏览	小键盘 0 + Ctrl + 小键盘 5
表格	小键盘 0 + Ctrl + 小键盘 6

综合模式

说　明	快捷键
朗读当前窗口标题	小键盘 7
从当前浏览位置朗读到文档末尾	小键盘减号
切换取词方法	小键盘加号
上一行所有元素	小键盘 8
下一行所有元素	小键盘 2
上一个元素	小键盘 4
下一个元素	小键盘 6
第一个元素	Ctrl + 小键盘 7
最后一个元素（如果有状态栏则读状态栏）	Ctrl + 小键盘 1
重复朗读当前元素	小键盘 5
重复朗读	Ctrl + 小键盘 5
朗读缓冲前一字	小键盘 1
朗读缓冲后一字	小键盘 3
前解释词	Shift + 小键盘点号
后解释词	小键盘点号
对当前朗读元素执行默认操作	小键盘 Enter 键
对当前朗读元素单击鼠标右键	小键盘 0 + 小键盘 Enter 键

续表

说　明	快捷键
移动焦点到当前朗读元素上	小键盘 0 + 小键盘减号
移动鼠标到当前朗读元素上	小键盘 0 + 小键盘加号
移动鼠标到光标位置	小键盘 0 + Shift + 小键盘加号
向上移动鼠标	Ctrl+ 小键盘 8
向下移动鼠标	Ctrl+ 小键盘 2
向左移动鼠标	Ctrl+ 小键盘 4
向右移动鼠标	Ctrl+ 小键盘 6
单击鼠标左键	小键盘除号
单击鼠标右键	小键盘乘号
左键锁定	小键盘 0 + 小键盘除号
右键锁定	小键盘 0 + 小键盘乘号
切换鼠标移动类型	Ctrl + 小键盘 3
移动鼠标到指定位置	Ctrl + 小键盘 9
复制缓冲区文本到剪贴板	Shift + 小键盘 Enter 键
追加复制缓冲区文本到剪贴板	Shift + 小键盘加号
综述剪贴板数据	Shift + 小键盘减号
设置块首	Shift + 小键盘除号
设置块尾	Shift + 小键盘乘号
从当前位置朗读至剪贴板末尾	小键盘 0 + 小键盘点号
朗读剪贴板上一行文本 / 朗读剪贴板前一个文件（夹）名	Shift + 小键盘 8
朗读剪贴板下一行文本 / 朗读剪贴板后一个文件（夹）名	Shift + 小键盘 2
朗读剪贴板前一个字	Shift + 小键盘 4
朗读剪贴板后一个字	Shift + 小键盘 6

续表

说　明	快捷键
朗读剪贴板当前字 / 朗读剪贴板当前文件（夹）名	Shift + 小键盘 5
朗读剪贴板前一句（词）	Shift + 小键盘 1
朗读剪贴板后一句（词）	Shift + 小键盘 3
朗读剪贴板前第 10 行文本 / 朗读剪贴板文件（夹）大小	Shift + 小键盘 7
朗读剪贴板后第 10 行文本 / 朗读剪贴板文件（夹）路径	Shift + 小键盘 9
增加主音量	Ctrl + Alt + 小键盘加号
减小主音量	Ctrl + Alt + 小键盘减号
增加麦克风音量	Ctrl + Alt + 小键盘乘号
减小麦克风音量	Ctrl + Alt + 小键盘除号
Win7 增加当前程序音量，XP 增加波形音量	Ctrl + Alt + 小键盘 9
Win7 减小当前程序音量，XP 减小波形音量	Ctrl + Alt + 小键盘 7
Win7 下一个程序，XP 减小立体声混音音量	Ctrl + Alt + 小键盘 4
Win7 上一个程序，XP 增加立体声混音音量	Ctrl + Alt + 小键盘 6
Win7 增加所选程序音量，XP 增加麦克风回放音量	Ctrl + Alt + 小键盘 8
Win7 减小所选程序音量，XP 减小麦克风回放音量	Ctrl + Alt + 小键盘 2
Win7 所选程序静音开关，XP 麦克风增益开关	Ctrl + Alt + 小键盘 5
麦克风静音开关	Ctrl + Alt + 小键盘 1
Win7 扬声器静音开关，XP 立体声混音开关	Ctrl + Alt + 小键盘 3
麦克风增益开关	Ctrl + Alt + 小键盘 Enter 键
控制台朗读上一行	Alt + 小键盘 8
控制台朗读下一行	Alt + 小键盘 2

续表

说　明	快捷键
控制台朗读前一字	Alt + 小键盘 4
控制台朗读后一字	Alt + 小键盘 6

第五组：缓冲

说　明	快捷键
后解词	小键盘加号
前解词	小键盘减号
前一个字	小键盘 4
后一个字	小键盘 6

第六组：鼠标

说　明	快捷键
向上移动鼠标	小键盘 8
向下移动鼠标	小键盘 2
向左移动鼠标	小键盘 4
向右移动鼠标	小键盘 6
单击鼠标左键	小键盘除号
单击鼠标右键	小键盘乘号
左键锁定	小键盘 0 + 小键盘除号
右键锁定	小键盘 0 + 小键盘乘号
切换鼠标移动类型	小键盘 3
移动鼠标到指定位置	小键盘 9

第七组：剪贴板

说　明	快捷键
朗读剪贴板上一行文本 / 朗读剪贴板前一个文件（夹）名	小键盘 8
朗读剪贴板下一行文本 / 朗读剪贴板后一个文件（夹）名	小键盘 2
朗读剪贴板前第 10 行文本 / 朗读剪贴板文件（夹）大小	小键盘 7
朗读剪贴板后第 10 行文本 / 朗读剪贴板文件（夹）路径	小键盘 9
朗读剪贴板首行文本	（双击）小键盘 7
朗读剪贴板末行文本	（双击）小键盘 9
朗读剪贴板前一个字	小键盘 4
朗读剪贴板当前字 / 朗读剪贴板当前文件（夹）名	小键盘 5
朗读剪贴板后一个字	小键盘 6
朗读剪贴板前一句（词）	小键盘 1
朗读剪贴板后一句（词）	小键盘 3
综述剪贴板数据	小键盘 Enter 键
追加复制缓冲区文本到剪贴板	小键盘 0 + 小键盘加号
复制缓冲区文本到剪贴板	小键盘加号
从当前位置朗读至末尾	小键盘 0 + 小键盘点号
显示剪贴板	小键盘点号
选择第 N 个虚拟剪贴板	Ctrl +（小键盘 1~小键盘 9）

第八组：浏览窗口

说　明	快捷键
扩展 Tab	小键盘加号
扩展 ShiftTab	小键盘减号
重复朗读元素 / 当前行	小键盘 5
重复朗读	Ctrl + 小键盘 5
执行默认操作	小键盘 Enter 键
对当前朗读元素单击鼠标右键	小键盘 0 + 小键盘 Enter 键
向后跳到第 10 个元素	小键盘 9
向前跳到第 10 个元素	小键盘 3
下一个元素	小键盘 6
上一个元素	小键盘 4
上一行所有元素	小键盘 8
下一行所有元素	小键盘 2
第一个元素	小键盘 7
朗读窗口标题	Ctrl + 小键盘 7
最后一个元素（如果有状态栏则读状态栏）	小键盘 1
抽取所有元素	小键盘点号
从当前浏览位置朗读到文档末尾	小键盘 0 + 小键盘点号
移动焦点到当前朗读元素上	小键盘 0 + 小键盘减号
移动鼠标到当前朗读元素上	小键盘 0 + 小键盘加号
移动鼠标到光标位置	小键盘 0 + Shift + 小键盘加号
单击鼠标左键	小键盘除号
单击鼠标右键	小键盘乘号
左键锁定	小键盘 0 + 小键盘除号
右键锁定	小键盘 0 + 小键盘乘号

第九组：表格

说　明	快捷键
朗读当前列表头	小键盘加号
跳到上一个单元格	小键盘 8
跳到下一个单元格	小键盘 2
跳到左一个单元格	小键盘 4
跳到右一个单元格	小键盘 6
跳到本行第一个单元	小键盘 7
跳到本行最后一个单元	小键盘 1
跳到本列第一个单元	小键盘 9
跳到本列最后一个单元	小键盘 3
朗读当前行	Shift + 小键盘 5
朗读当前列	Ctrl + 小键盘 5
朗读上一个	Shift + 小键盘 8
朗读下一行	Shift + 小键盘 2
朗读前一列	Shift + 小键盘 4
朗读后一列	Shift + 小键盘 6
从本行开始朗读到当前单元	Shift + 小键盘 7
从当前单元朗读到行末	Shift + 小键盘 1
从本列开始朗读到当前单元	Shift + 小键盘 9
从当前单元朗读到列末	Shift + 小键盘 3

第十组：朗读操作

说　明	快捷键
停止朗读	Ctrl
切换到前一个选项（系统音量、默认语音音量、默认语速、英语语音音量、英语语速）	插入键 + Shift + ←

续表

说　明	快捷键
切换到后一个选项（系统音量、默认语音音量、默认语速、英语语音音量、英语语速）	插入键 + Shift + →
数值增加 1（系统音量、默认语音音量、默认语速、英语语音音量、英语语速）	插入键 + Shift + ↑
数值减小 1（系统音量、默认语音音量、默认语速、英语语音音量、英语语速）	插入键 + Shift + ↓
重复朗读刚才朗读的内容	插入键 + 小键盘 5
前解词（取得当前朗读字的解释词，并朗读）	插入键 + Alt + ↑
后解词（取得当前朗读字的解释词，并朗读）	插入键 + Alt + ↓
前一个字（刚才朗读的内容逐字朗读）	插入键 + Alt + ←
后一个字（刚才朗读的内容逐字朗读）	插入键 + Alt + →

1.3　争渡读屏快捷键

第一组：争渡读屏通用快捷键

说　明	快捷键
停止朗读（亦可以按 Ctrl 键停止当前朗读）	ZDSR
停止、恢复工作，停止工作后读屏进程不退出，但不再朗读任何内容	Pause
数字和热键状态切换（双击则恢复小键盘原有编辑键功能）	NumLock
从光标所在位置开始朗读	数字 7
朗读当前窗口标题	数字 8
标题栏上的关闭、最大化、最小化等按钮之间循环切换	数字 9

续表

说　明	快捷键
朗读进度栏	Ctrl 加 Win + 除号
朗读状态栏	Ctrl 加 Win + 乘号
退出读屏	ZDSR + Esc
剪贴板翻译（公益版无此功能）	ZDSR + T
翻译语言反向（公益版无此功能）	Shift + ZDSR + T
打开争渡菜单	ZDSR + Z
单击朗读 CPU 占用率，双击朗读内存使用情况	ZDSR + Q
单击重复朗读当前焦点信息，双击朗读窗口数量、当前进程名、进程路径等，在网页中双击朗读该元素的 html 源代码	ZDSR + Tab
打开争渡资讯	ZDSR + 1
打开争渡识图	ZDSR + 2
打开万年历	ZDSR + 3
打开或关闭争渡放大镜	ZDSR + 4
键盘帮助（亦可以当作键盘锁定功能使用，若要锁键盘便打开键盘帮助）	ZDSR + F1
切换语音方案	ZDSR + F9
切换声卡	ZDSR + F10
反向切换语音方案	Shift + ZDSR + F9
反向切换声卡	Shift + ZDSR + F10
朗读当前农历日期、生肖、节气、天干地支等	ZDSR + F11
单击朗读当前时间，双击朗读当前日期	ZDSR + F12
添加路标	ZDSR + [
删除路标	ZDSR +]
循环切换当前进程相关的窗口	Ctrl + 点号
循环切换所有窗口（包括悬浮窗）	ZDSR + 点号

第二组：鼠标操作快捷键

本组快捷键所提到的数字均为小键盘的数字，并且需要将NumLock切换到热键状态。主要功能为控制模拟鼠标操作。

鼠标通用快捷键

说　明	快捷键
鼠标左键单击	除号
鼠标右键单击	乘号
鼠标左键按下和松开	ZDSR + 除号
鼠标跟随，双击则将四六所在控件与焦点控件同步	ZDSR + 减号
区块式鼠标模式切换	ZDSR + 加号
文字 / 图形切换	ZDSR + G
开启和关闭读鼠标功能	ZDSR + M
鼠标状态朗读	ZDSR + F8

四六导航

说　明	快捷键
前一个项目（通常为列表项目或者菜单项目）	数字 1
重复朗读当前项目	数字 2
后一个项目（通常为列表项目或者菜单项目）	数字 3
前一个控件	数字 4
当前控件并初始化 13 的位置，双击则到达最后一个控件	数字 5
后一个控件	数字 6
当前控件的前一个单元格	减号
当前控件的后一个单元格	加号

二八导航

说　明	快捷键
单击为移动到当前窗口最上面一个区块，双击为移动到当前窗口最下面一个区块	数字 1
移动到下一个区块并读出区块内的第一个单元格内容	数字 2
移动到上一个区块并读出区块内的第一个单元格内容	数字 8
刷新当前窗口信息	数字 3
在当前区块内向前移动一个单元格并读出内容	数字 4
当前单元格内容	数字 5
在当前区块内向后移动一个单元格并读出内容	数字 6
从当前单元格向后移动单元格	加号
从当前单元格向前移动单元格	减号

像素式浏览快捷键

说　明	快捷键
向上移动一行	ZDSR + 8
向下移动一行	ZDSR + 2
向左移动一列	ZDSR + 4
向右移动一列	ZDSR + 6
向上移动十行	ZDSR + 7
向下移动十行	ZDSR + 1
向左移动十列	ZDSR + 9
向右移动十列	ZDSR + 3
移动到第一行	Shift + ZDSR + 7
移动到最后一行	Shift + ZDSR + 1

续表

说　明	快捷键
移动到当前行的最左侧	Shift + ZDSR + 4
移动到当前行的最右侧	Shift + ZDSR + 6
单击为获取鼠标下的文字，双击为读出当前行列、当前坐标、当前窗口大小	ZDSR + 5

另外，鼠标自动跟随和像素式浏览范围两个选项在 Windows 操作系统热键组内。

第三组：朗读缓冲区快捷键

朗读缓冲区也就是我们习惯上说的刚听到的内容，或者说最后一次按键之后听到的内容。

说　明	快捷键
朗读缓冲区前一个字	ZDSR + ←
朗读缓冲区后一个字	ZDSR + →
切换到朗读缓冲区上一个词	ZDSR + ↑
切换到朗读缓冲区下一个词	ZDSR + ↓
移到朗读缓冲区第一个字	ZDSR + Home
移到朗读缓冲区最后一个字	ZDSR + End

第四组：网页操作主要快捷键

说　明	快捷键
在编辑框之间切换	E
在单选按钮之间切换	R
在复选框之间切换	X

续表

说　明	快捷键
在组合框之间切换	C
在按钮之间切换	B
在表单之间切换	F
在图片之间切换	G
在标题之间切换	H
分别切换 1 到 6 号标题	大键盘 1~6
跳过若干链接	J
在链接之间切换	K
在网页控件之间切换，如土豆、优酷播放器等	O
在网页路标之间切换	D
在网页普通文本之间切换	N

以上单字母加上 Shift 可以反向切换。

说　明	快捷键
在网页中激活按字母导航访问到的元素	空格
在网页中编辑模式和浏览模式切换	ZDSR + 空格
在常规窗口中重复朗读焦点信息；在网页中朗读当前链接的序号、文本和网址，双击在普通窗口内朗读窗口数量、当前进程名、当前进程路径等，在网页中朗读当前元素的源代码	ZDSR + Tab
定位到当前窗口的网页控件	ZDSR + I
朗读网页正文	ZDSR + W
在网页中拷贝网页全部文本，在普通窗口内拷贝整个窗口的文本（公益版没有拷贝普通窗口内文本的功能）	ZDSR + X
拷贝网页源代码	ZDSR + Y
网页强制整理	ZDSR + F5

第五组：剪贴板操作主要热键

说　明	快捷键
朗读剪贴板上一行	Shift + 8
朗读剪贴板下一行	Shift + 2
向前跳过十行	Shift + 9
向后跳过十行	Shift + 3
朗读剪贴板前一个字	Shift + 4
朗读剪贴板后一个字	Shift + 6
剪贴板第一行	Shift + 7
剪贴板最后一行	Shift + 1
从剪贴板当前行开始朗读	Shift + 5
朗读当前行列和剪贴板信息综述	Shift + 点号
尝试打开剪贴板当前行内的网址，如剪贴板内是图片，则弹出图片保存对话框	Shift + 小 Enter 键
将剪贴板内的内容保存到云剪贴板 1	Shift + 加号
将云剪贴板 1 的内容获取到系统剪贴板	Shift + 减号
将剪贴板内的内容保存到争渡本地剪贴板	Shift + 乘号
将争渡本地剪贴板的内容获取到系统剪贴板	Shift + 除号
追加到剪贴板	ZDSR + A
复制刚听到的内容到剪贴板	ZDSR + C
粘贴剪贴板当前行到编辑框	ZDSR + V
打开剪贴板编辑器窗口	ZDSR + E

第六组：编辑框常用快捷键

说　明	快捷键
设置开始点	Ctrl + Win + 4
设置结束点	Ctrl + Win + 6

续表

说　明	快捷键
在编辑框内朗读选区文本	Ctrl + Win + 5
在编辑框内统计字数和行数；在网页中统计链接、图片、表单元素等	Ctrl + Win + 7
朗读光标在当前编辑框内的行列	Ctrl + Win + 8

第七组：争渡热键组快捷键

本组热键是争渡读屏独创的热键模式，用于调整需要经常临时改变的功能选项。

说　明	快捷键
切换前一个设置项目	Ctrl + ZDSR + ←
切换后一个设置项目	Ctrl + ZDSR + →
增大 1	Ctrl + ZDSR + ↑
减小 1	Ctrl + ZDSR + ↓
切换前一个设置项目	Win + ZDSR + ←
切换后一个设置项目	Win + ZDSR + →
调整当前设置项目参数	Win + ZDSR + ↑
调整当前设置项目参数	Win + ZDSR + ↓

第八组：争渡放大镜快捷键

说　明	快捷键
启动 / 关闭争渡放大镜	ZDSR + 大键盘 4 或 Ctrl + Alt + 鼠标中键单击
反色开启 / 关闭	Ctrl + Alt + 鼠标左键单击
停止放大镜窗口跟随移动	Ctrl + Alt + 鼠标右键单击
放大与缩小倍数	Ctrl + Alt + 鼠标中键滚动

1.4 国家数字文化网

（1）网站概况：国家数字文化网网址：www.ndcnc.gov.cn

国家数字文化网由中华人民共和国文化和旅游部主办，文化和旅游部全国公共文化发展中心具体承办，是集中体现文化信息资源共享工程文化传播、社会教育和基层信息服务功能的综合性公共数字文化新媒体服务平台。截至 2018 年，国家数字文化网累计提供音视频资源 73588 小时、303608 部 / 集（其中，视频 11663 小时、54055 部 / 集；音频资源 61925 小时、249553 部 / 集），高清美术图片 31127 张，电子图书 408 本，多媒体课件 5438 个，以及部分益智互动游戏。

（2）网站主要资源内容介绍

- “视听空间”。以社会大众为服务对象，提供艺术普及、文化专题片、电影、电视剧、讲座、少儿、农业科技、社区生活等资源。
- “心声・音频馆”。以视障人群、老年人和社会大众为服务对象，打造音频类数字公共文化品牌产品。
- “大众美育馆”。以青少年和普通大众为服务对象，以美术欣赏、教育、展览和互动交流为理念，整合社会优秀美育资源，打造集开放性、普适性、亲民性和知识性于一身的数字美育产品。
- “百姓戏曲馆”。以社会大众、戏曲爱好者为服务对象，提供戏曲欣赏、戏曲热点资讯、戏文故事、戏曲文化知识、戏曲动漫、戏曲讲堂等资源。

- “天天微学习”视频库。以大、中学生，社会大众为服务对象，倡导“微学习”理念，以培养学习兴趣、提升文化修养、提高专业技能为定位，主要内容包括文化传承、时尚生活、资格考试、职场技能、专业知识、早教早知道、孩童乐园七大板块。
- “少儿智趣数字乐园”。适合学龄前儿童使用，包括动漫绘本、动画、益智游戏等。
- “知识视界”科普视频库。以青少年及社会大众为服务对象，内容包括地球科学、历史文化、生态环境、科学技术、自然科学、生命科学、天文航天、体育探险等，绝大部分资源系首次引进国内。

（3）心声·音频馆简介

①网站概况

心声·音频馆网址：http: //yinpin.ndcnc.gov.cn。心声·音频馆是文化和旅游部专门为我国视障人群打造的公共文化服务网站，是全国文化共享工程资源服务的主要平台。目前，音频馆拥有各类文化艺术音频资源总计6万小时、25万部/集。主要包括评书曲苑、相声小品、名曲赏析、影视同声、传奇故事、心声励志、健康新生、文学素养、欢乐少儿等多方面的内容。

②网站操作说明

心声·音频馆全站实现无障碍操作，盲人和视力有障碍的人群需要在读屏软件的辅助下进行操作，具体操作说明如下。

- 全网站按《网站设计无障碍技术需求》（YD / T1796–

2012）进行无障碍设计，完全实现键盘无障碍操作，不限于鼠标；

- 网站设置导盲热键，按 Alt+Y 可在各栏目间跳转，按 Alt+S 键直接跳转至文本输入框，按 Alt+N 键跳转至名为“下一页”的链接，按 Alt+B 键跳转至名为“上一页”的链接；另外，为适配不同的浏览器，按 Shift+Y 键可在各栏目间跳转，按 Shif+S 键直接跳转至文本输入框，按 Shit+N 键跳转至名为“下一页”的链接，按 Shif+B 键跳转至名为“上一页”的链接；
- 打开文章页面时，无须任何操作，读屏软件便可读出文章的主要内容，同时焦点自动定位在主要内容区域，读屏用户可直接按下光标键浏览主要内容；
- 网页图片均标示文字说明，所有图形链接均添加提示文字；
- 网页设有放大、缩小、开启辅助线、高对比度的功能，以满足不同人群的浏览需求；
- 音频放插件增加了无障碍快捷键，按 Alt+C 组合键为播放或暂停，按 At+V 组合键为快进，按 Alt+X 组合键为快退；另外，为适配不同的浏览器，按 Shift+C 组合键为播放或暂停，按 Shift+V 组合键为快进，按 Shift+X 组合键为快退。

1.5　常用网站和软件

网站

类　别	网　址
新闻资讯	央视网：www.cctv.com 央广网：www.cnr.cn 新华网：www.xinhuanet.com
搜索引擎	百度搜索：www.baidu.com 搜狗搜索：www.sogou.com
专业行业	中国盲人协会：www.zgmx.org.cn/html/index.html 中医中药网：www.zhzyw.com/

软件

类　别	名　称
工　具	阳光读屏 / 争渡读屏 / 永德读屏
服　务	科大讯飞语音合成 / 搜狗拼音输入法 讯飞输入法 / IE 浏览器 / Edge 浏览器 腾讯电脑管家 / 微软 PE / 小康 PE 驱动人生
社　交	QQ / 微信
办　公	PDF 阅读器 / Office 办公软件
娱　乐	智慧人生 / PC 秘书 / 冲浪星
影　音	QQ 音乐 / 腾讯视频 / 优酷视频

课后作业

练习和熟记各组快捷键的功能和按键。

附录2　培训活动报道

2.1　盲人也能玩IT？“视障IT技术帮扶培训”开班啦

https: //m.dutenews.com/p/11701.html

2016年7月9日上午，南山图书馆和深圳市信息无障碍研究会合作开设的“视障IT技术帮扶培训”基础班，在南山图书馆盲文阅览室举行。

活动的导师由两位IT视障导师及一位腾讯志愿者组成，另有3位腾讯志愿者担任助教，到场的视障学员共有8位，有一位为全失明学员，其余为严重弱视学员，年龄跨度从14岁至47岁。

基础班的学员首先学习手机读屏软件TalkBack、VoiceOver的手势使用方法，学习电脑从认识和熟悉键盘开始，为后续软件学习打好基础。

活动意在建立学员与导师的信任关系，活动从轻松活泼的自我介绍开始，在简单的破冰游戏之后，由 IT 视障导师分享了其对互联网的探索之路，也由此激发了学员们的学习热情。针对每个学员对读屏软件掌握程度不同，导师将学员分为两组：一组对手机 TalkBack 读屏软件进行学习，另一组对键盘进行初步了解和学习。

▲ 培训导师与视障学员面对面沟通并记录培训需求

▲ 项目组在南山图书馆盲文阅览室研究培训工作

2.2 “视障者IT技术培训”项目简介

“视障者IT技术培训”始于2014年深圳市信息无障碍研究会为从事IT行业的几名视障工程师进行工作技能提升培训，由腾讯志愿者担任专业的技术导师，培训内容涉及Java、Python、Web前端重构、测试方法、数据架构与算法和测试职业生涯规划。后来，志愿者们发现不仅仅是从事IT行业的视障工程师渴望学习IT技术知识，还有很多视障朋友同样希望学习IT技术知识。2016年“视障者IT技术培训”项目在南山图书馆落地、发展和推广，面向全市发布培训信息，咨询和报名人数大增，学员从最初的3人增加到34人；随后，深圳图书馆、福田图书馆也加入培训项目，共同为学员提供专业的电脑培训和智能手机培训等服务。

“视障者IT技术培训”是继视障者电脑初级培训之后的再一次升级培训，它满足视障者日益增长的软件技术需求，是视障者平等获取信息的有效途径。培训以读者需求为导向，对学员实行精细化分班管理和一对一教学管理，根据视障读者不同层次和需求开设电脑初级班、中级班、高级班和智能手机应用班，学习主要内容如下。

- 初级班：读屏软件、Windows操作、电脑打字与输入、网页浏览等。
- 中级班：文字编辑、Office办公软件、各种常用软件、音频制作等。
- 高级班：Python编程、信息无障碍标准与技术、软件开发技能等。

- 智能手机应用班：手机读屏、微信、购物、导航、影音等 App 应用。

“视障者 IT 技术培训”也是深圳市第一个以软件技术开发为起点的帮扶培训，旨在通过培训视障者的 IT 技能，增强职业技能，让他们同时能获得与明眼人一样平等的机会从事 IT 技术工作。同时，项目组还举办各种视障专题文化活动，如视障沙龙活动、无障碍电影赏析、户外徒步活动等，帮助视障读者开阔视野、提升生活技能，让学员充分展示自我才能，充分融入社会。通过培训，视障读者可以利用读屏软件在电脑上“看”书学习、认识世界；做到足不出户，畅游网络世界，知晓天下大事，广交天下朋友；同时，还可以利用信息技术解决衣食住行等种种难题；培训帮助视障读者走进社会，融入互联网生活，共享社会文明发展的成果。

近 6 年来，视障 IT 技术培训共开展 150 多场次、培训视障读者 1500 多人次，参与教学的专业志愿者有 500 多人次、志愿者服务时长超过 2000 个小时。通过培训，视障读者利用信息技术解决衣食住行等种种难题，还可以参与在线的教育、培训、购物、娱乐和交往等活动，得到更多的有利于自身发展和健康的文化信息资源，实现数字鸿沟的跨越；有多位盲人通过学习实现独自外出、独立生活甚至是外出旅游、走遍天下；不少视障读者通过学习取得了不凡的成绩，用刻苦的精神生动地诠释了“自尊、自信、自强、自立”的人生内涵。

“视障者 IT 技术培训”项目得到社会各界的关注和支持，得到深圳电台和《深圳特区报》《深圳晚报》等新闻媒体多次报道，

项目获得多个奖项和荣誉，这些奖项和荣誉是对项目组所有成员最好的奖励，鼓励我们继续努力做得更好，主要荣誉有：

- 2019 年南山区益创星大学生社会创新大赛优质奖
- 2018 年南山区第二届“智慧民生”微实事大赛一等奖
- 2017 年深圳关爱行动“百佳市民满意项目”
- 2017 年广东省志愿者联合会“广东志愿服务项目铜奖”
- 2015 年全国志愿服务项目（益苗计划）省级示范项目
- 2015 年深圳市义工联合会“优秀志愿服务项目金奖”
- 2015 年中国公益慈善大赛“社会创新项目百强”奖

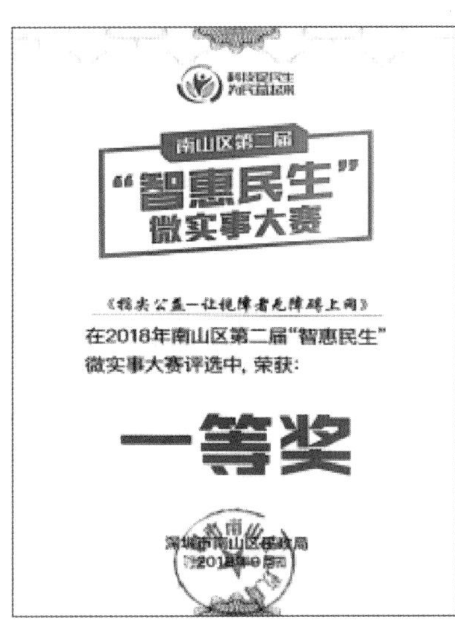

感谢项目支持单位：

腾讯志愿者协会

深圳市信息无障碍研究会

深圳市南山区残疾人联合会

深圳图书馆

深圳市南山区图书馆

深圳市福田区图书馆

深圳市南山区盲人协会

深圳市南山区文化志愿者协会

深圳职业技术学院人工智能学院

后　记

深圳是一座富有爱心、充满活力的年轻城市，深圳目前有注册义工 150 多万，深圳市义工以“服务社会，传播文明”为理念，以“送人玫瑰，手留余香”为宗旨，积极参与社会公益服务，为深圳的城市文明建设做出了突出贡献。本书是一群充满爱心的志愿者在图书馆手把手教视障读者学习电脑和智能手机活动的实践写照与经验结晶，我们亲身感受到了视障读者对互联网的热情和互联网带给视障读者的方便、快乐、自信，甚至是命运的改变，我们决心用一本简单易懂的书来让更多视障读者轻松地学习电脑和智能手机，一步步带领他们走进精彩的移动互联网生活，帮助他们掌握信息获取技能、携手走进信息时代、开启美好生活新篇章。

2017 年，项目组根据培训实践编著教材，为培训提供了系统化、标准化的教学指导用书；2018 年培训教材已经在深圳图书馆、福田图书馆和南山图书馆培训中应用推广，有效提高教学质量，受到同行专家好评；2020 年教材出版并在全国发行，中国目前有 1700 多万视障人士，本教材的编著和出版，将进一步促进盲用电脑培训的应用推广，对消除数字鸿沟、维护信息公平、促进视障人士充分参与社会生活、减轻国家负担、推动社会和谐发展和体现图书馆的社会价值，具有重要意义。

下一步工作，我们将继续推动视障者 IT 技术培训在全国更广范围内的应用。我们将通过网络向全国的视障者共享视障者 IT 技术培训音视频资料，让更多的视障者轻松得到视障者 IT 技术培训课程，我们将非常乐意与全国各地的残联、图书馆、社区等单位和个人免费分享我们的资源与经验。

欢迎您随时与我们项目组联系。